Das erfolgreiche Vorstellungsgespräch

Hesse/Schrader

Das erfolgreiche Vorstellungsgespräch

Wie Sie beeindrucken, überzeugen, gewinnen

berufsstrategie

Eichborn

Die Autoren
Jürgen Hesse, Jahrgang 1951, geschäftsführender Diplompsychologe im Büro für Berufsstrategie, Berlin.
Hans Christian Schrader, Jahrgang 1952, Diplompsychologe in Berlin.

Anschrift der Autoren
Büro für Berufsstrategie
Hesse/Schrader
Oranienburger Straße 4–5
10178 Berlin
Tel. 0 30 – 28 88 57-0
Fax 0 30 – 28 88 57-36
www.berufsstrategie.de

2 3 4 5 6 10 09 08

Umschlaggestaltung: Christina Hucke
Satz: Fotosatz Reinhard Amann, Aichstetten
Druck und Bindung: Fuldaer Verlagsanstalt, Fulda
ISBN 978-3-8218-5955-2

Eichborn Verlag, Kaiserstraße 66, D-60329 Frankfurt am Main
Mehr Informationen zu Büchern und Hörbüchern aus dem Eichborn Verlag finden Sie unter www.eichborn.de

Inhalt

Fast Reader – Übersicht für eilige Leser

Herzlichen Glückwunsch! Sie sind höchstwahrscheinlich den ersten Schritt auf dem Weg zum neuen Job erfolgreich gegangen. Sie haben eine Einladung zum Vorstellungsgespräch erhalten.

Mit diesem Buch geben wir Ihnen alle wichtigen Informationen für die perfekte Vorbereitung an die Hand. Wir zeigen Ihnen, wie Sie beeindrucken, überzeugen und gewinnen. Sie lernen alle wichtigen Weichensteller kennen, die Ihre Bewerbung erfolgreich werden lassen.

Anhand des kompletten von Arbeitgeberseite verwendeten Fragenkatalogs zeigen wir Ihnen, worauf es wirklich ankommt, und geben Ihnen konkrete Orientierungs- und Bewältigungshilfen. Außerdem unterstützen wir Sie bei der Entwicklung der richtigen Einstellung und eines starken Selbstbewusstseins für Ihr Vorhaben.

Die zentralen Themen:

- die zehn Phasen des Vorstellungsgesprächs
- die von Arbeitgebern verwendeten Fragen, der Hintergrund der Fragen, Hinweise für Ihre Antworten
- der Umgang mit besonders unangenehmen Fragen
- die Gehaltsverhandlung
- wichtige Aspekte zur Rhetorik und Psychologie der Gesprächsführung

Mit diesem Ratgeber sind Sie bestens auf die verschiedensten Situationen im Vorstellungsgespräch vorbereitet. Sie können souverän und kompetent reagieren und werden so Ihren Interviewer und potenziellen Arbeitgeber von sich als neuem Mitarbeiter überzeugen.

Überblick

Alle Fragen im Vorstellungsgespräch

Dieser Fragenkatalog deckt 98 Prozent der potenziellen Fragen ab, mit denen Sie im Vorstellungsgespräch konfrontiert werden können. Sicherlich kann der Wortlaut verändert werden, aber kaum der abgefragte Inhalt. Das bedeutet für Sie eine optimale Vorbereitungschance. Erläuterungen zum jeweiligen Fragehintergrund und Hinweise auf Antwortstrategien finden Sie ab S. 57ff..

- Wie ist es zu Ihrer Bewerbung als ... bei unserem Unternehmen/unserer Institution gekommen?
- Warum haben Sie sich bei uns beworben?
- Was reizt Sie an dieser Aufgabe/Position?
- Warum wollen Sie gerade bei uns, in unserem Unternehmen/ unserer Institution arbeiten?
- Wie gut kennen Sie unsere Produkte/Dienstleistungen etc.?
- Warum haben Sie vor, den Arbeitsplatz zu wechseln/wieder einzusteigen ...?
- Weshalb wollen Sie Ihre jetzige Tätigkeit/Position aufgeben?
- Warum haben Sie in Ihrer jetzigen Firma/Institution keine Aufstiegschancen?
- Was sind die Gründe für Ihre Unzufriedenheit?
- Was reizt Sie an der neuen Aufgabe?
- Was erwarten Sie speziell von uns, was erhoffen Sie sich?
- Üben Sie Ihre jetzige berufliche Tätigkeit gerne aus?
- Was hat Ihnen bisher an Ihrer Aufgabe/Position gefallen, was missfallen, und warum?
- Was, glauben Sie, ist bei uns anders?
- Wie gut kennen Sie uns bereits, unsere ... (z.B. Produktion/Marktposition/Dienstleistungen usw.)?
- Wie stellen Sie sich Ihre Tätigkeit bei uns vor?

- Haben Sie einen besonderen persönlichen Bezug zu unserem Unternehmen?
- Kennen Sie Mitarbeiter aus unserem Haus?
- Was haben diese Ihnen über uns erzählt?
- Haben Sie zurzeit noch andere Bewerbungen laufen?
- Gibt es schon konkrete Verhandlungen bzw. Ergebnisse?
- Was bewog Sie damals – im Jahre XX und dann XX – den Arbeitsplatz zu wechseln?
- Was hat für Sie Priorität bei Ihrer Arbeit?
- Wie stellen Sie sich im Idealfall Ihre Arbeit, Ihre Aufgaben vor?
- Was sind – aus Ihrer Sicht – die Vor- und Nachteile der von uns angebotenen Position, und wie wollen Sie damit umgehen?
- Auf welche Ihrer beruflichen Leistungen und Erfolge sind Sie besonders stolz?
- Und jetzt zu Ihren Misserfolgen . . .
- Wie sehen Sie Ihre Zukunft?
- Was sind Ihre Ziele?
- Was möchten Sie in drei und was in fünf Jahren erreicht haben?
- Wie verlief Ihr bisheriger Berufsweg?
- Aus welchen Gründen haben Sie sich für den Beruf/die Branche/die Arbeitsplätze X, Y und Z entschieden?
- Und warum jetzt für diese neue Position in unserem Haus?
- Berichten Sie uns etwas über die wichtigsten Aspekte Ihrer bisherigen Tätigkeiten.
- Was sind zurzeit Ihre konkreten Arbeitsaufgaben?
- Was machen Sie davon gerne, was ungerne?
- Schildern Sie einmal den Ablauf eines typischen Arbeitstages.
- Warum haben Sie Ihren Arbeitgeber öfter bzw. selten gewechselt?
- An welchen Fortbildungsmaßnahmen haben Sie teilgenommen?
- Wer hat diese initiiert?
- Was zeichnet Ihrer Meinung nach einen guten Vorgesetzten aus?
- Was einen guten Mitarbeiter?
- Jetzt diese beiden Fragen mit umgekehrten Vorzeichen – »schlechten« Vorgesetzten … usw.
- Was schätzen Sie an Ihren Arbeitskollegen/Vorgesetzten – was nicht?
- Fühlen Sie sich in Ihren beruflichen Leistungen von Ihren früheren Vorgesetzten angemessen beurteilt?

- Was würden Sie gern an Ihrem jetzigen Arbeitsplatz verändern, wenn Sie Veränderungen durchführen könnten, wie Sie wollen?
- Was war bisher Ihr schlimmstes, unangenehmstes (Arbeits-) Erlebnis?
- Wir wollen Sie kennenlernen, erzählen Sie uns etwas über sich.
- Wie würden Sie sich kurz charakterisieren?
- Was sind Ihre Stärken, was Ihre Schwächen?
- Was ist Ihr größter Erfolg/Misserfolg (beruflich/privat)?
- Was war bisher in Ihrem Leben Ihr schlimmstes Erlebnis?
- Was schätzen Sie generell an anderen Menschen, was nicht (Arbeitskollegen/Vorgesetzte/Freunde/Bekannte)?
- Haben Sie Leitbilder?
- Warum sollten wir gerade Sie einstellen?
- Wir wollen Sie als Mensch kennenlernen. Was machen Sie neben Ihrer Berufstätigkeit?
- Welche Interessen, welche Hobbys haben Sie?
- Welche Sportarten betreiben Sie?
- Was tun Sie für Ihre Gesundheit?
- Was bedeutet Teamarbeit für Sie?
- Mit welchen Menschen arbeiten Sie gern/ungern zusammen?
- Hatten Sie schon mal Schwierigkeiten mit Vorgesetzten und/oder Kollegen?
- Wenn ja: mit wem? Warum? Wie sind Sie damit umgegangen?
- Was haben Sie daraus gelernt?
- Worüber können Sie sich so richtig ärgern?
- Was macht Sie wütend?
- Was bereitet Ihnen Sorgen?
- Wie gehen Sie mit Kritik um?
- Was sind Ihre ganz persönlichen Lebensziele?
- Was möchten Sie persönlich für sich in naher/ferner Zukunft erreichen?
- Was sind Ihrer Meinung nach die größten Missstände …
  - in der Welt
  - in unserem Land
  - in Ihrer Heimatstadt
  - in dem Unternehmen, in dem Sie zurzeit arbeiten?
- Wie sieht Ihre aktuelle Lebenssituation aus?
- Stellen Sie uns doch bitte mal Ihre Familie vor.

- Was macht Ihre Frau/Ihr Mann beruflich, und wo?
- Was sagt Ihr Lebenspartner zu Ihren Plänen? Gibt es da evtl. Probleme? (Umzug/Arbeitszeiten/zu ehrgeiziges berufliches Engagement/Vernachlässigung des Partners etc.)
- Gibt es Bereiche, in denen Sie sich besonders engagieren?
- Mit welchen Menschen sind Sie gerne zusammen, und was verbindet Sie mit diesen?
- Waren Sie schon mal ernstlich erkrankt?
- Bestehen bei Ihnen gesundheitliche Einschränkungen mit beruflichen Auswirkungen?
- Gab es Krankenhausaufenthalte/Unfälle, leiden Sie an Allergien?
- Waren Sie im letzten Jahr mehr als zweimal beim Arzt?
- Haben Sie einen Hausarzt?
- Wie gut kennen Sie sich in unserer Branche, in unserem Metier aus?
- Wie schätzen Sie die aktuelle (zukünftige) Marktsituation ein?
- Kennen Sie … (dieses Verfahren, die Person, die Diskussion um etc.)?
- Was ist Ihre Meinung über …? Wie beurteilen Sie …?
- Was würden Sie machen, wenn …?
- Welche Publikation (Fachbuch/Artikel) aus Ihrem Arbeitsgebiet hat Sie in der letzten Zeit besonders beschäftigt?
- Welche Fachzeitschriften haben Sie abonniert, lesen Sie regelmäßig?
- Welche Kongresse, Fachtagungen, Weiterbildungen etc. haben Sie in der letzten Zeit besucht?
- Auf welchem Sektor lag Ihr Ausbildungsschwerpunkt, und wie kam es dazu?
- Was würden Sie als Ihren aktuellen, spezifischen Arbeitsschwerpunkt bezeichnen?
- Was schätzen Sie: Wie lange brauchen Sie, um sich bei uns in Ihr neues Aufgabengebiet einzuarbeiten?
- Auf welchem Gebiet haben Sie noch größere Defizite, und was gedenken Sie dagegen zu tun?
- Können Sie uns noch einmal verdeutlichen: Was spricht für und was gegen Sie? Warum sollten wir gerade Sie einstellen?
- Wo haben Sie noch Entwicklungspotenzial?
- Was können Sie besser als andere Bewerber?

- Was machen Sie, wenn Sie den Arbeitsplatz bei uns nicht bekommen, wenn wir uns für einen anderen Bewerber entscheiden?
- Welche Gehaltsvorstellung haben Sie?
- Wie hoch sind Ihre aktuellen Bezüge?
- Wann könnten Sie bei uns anfangen?
- Wenn wir uns für Sie entscheiden, brauchen wir Sie sofort. Ist das möglich?
- Warum sollten wir gerade Ihnen den Arbeitsplatz geben?
- Können Sie bitte noch einmal kurz zusammenfassen, was Ihre Stärken, aber auch Ihre Schwächen sind, warum wir Sie vielleicht besser nicht oder doch einstellen sollten?
- Was sind Ihre Fragen an uns?

Fragen an Azubis

- Warum bewerben Sie sich für den Beruf (der/des .../die Ausbildung für ...? Die wichtigste Frage im ganzen Gespräch!)
- Wie sind Sie darauf gekommen, und seit wann interessieren Sie sich für diesen Beruf?
- Welche Vor- und Nachteile sehen Sie an diesem Beruf?
- In welchen Schulfächern haben Sie gute und in welchen schlechte Noten, und warum?
- Wie sind Sie mit Lehrern und Mitschülern ausgekommen?
- Wie sehen Ihre bisherigen praktischen Erfahrungen aus?
- Haben Sie einen Freund/eine Freundin? Wollen Sie heiraten?
- Welche tagespolitischen Ereignisse beschäftigen Sie?
- Wie könnte man die Arbeitslosigkeit abbauen?
- Wie stehen Sie zum Problem ... (z. B. Umweltschutz, Hartz IV etc.)?

Fragen an Arbeitslose

- Wie kam es zu der Arbeitslosigkeit?
- Wie lange dauert diese Arbeitslosigkeit bereits an?
- Wie oft haben Sie sich schon erfolglos beworben?
- Was haben Sie zwischenzeitlich gemacht?
- Sind Sie förderungsberechtigt durch das Arbeitsamt?
- Trauen Sie sich die Aufgabe wirklich zu?
- Wie sieht Ihr Tagesablauf aus?

Fragen an Führungskräfte

- Was bedeutet aus Ihrer Sicht Mitarbeiterführung?
- Wie definieren Sie persönlich die Hauptaufgaben einer Führungskraft?
- Welchen Führungsstil bevorzugen Sie?
- Was schätzen Sie: Wie lange brauchen Sie zur Einarbeitung in Ihr neues Arbeitsgebiet bei uns?
- Auf welchem Gebiet haben Sie noch größere Entwicklungspotenziale (Achtung: bedeutet Defizite), und was gedenken Sie zu tun?
- Was sind Ihre ganz persönlichen Lebensziele?
- Was möchten Sie persönlich für sich/für das Unternehmen in naher/ferner Zukunft erreichen?
- Zurück in die Gegenwart: Welche Eigenschaften sollte Ihr potenzieller Nachfolger für Ihren alten Arbeitsplatz haben?
- Ganz allgemein: Welche Eigenschaften sollte Ihr Stellvertreter haben?
- Was zeichnet Ihrer Meinung nach eine gute Führungskraft aus?
- Was einen guten Vorgesetzten?
- Was einen guten Mitarbeiter?
- Was schätzen Sie an Ihren Arbeitskollegen/Vorgesetzten – was nicht?
- Worin unterscheiden Sie sich Ihrer Meinung nach von Ihrem jetzigen Vorgesetzten?
- Welche Unterstützung bei Ihrer verantwortlichen Tätigkeit erfahren Sie durch Ihre Familie?

Fragen an Frauen

- Warum sollten wir uns gerade für Sie entscheiden?
- Was sagt Ihre Familie dazu (Partner/Kinder, so Sie welche haben)?
- Wie regeln Sie das mit den Kindern (sofern Sie welche haben, die noch zu versorgen sind) ...? Oder den Haushalt ...?
- Wie stellen Sie sich Ihre Zukunft vor?
- Wie sieht Ihre Lebensplanung aus?
- Familie oder Beruf? Wie kommt's, wie ist's, wie geht's bei Ihnen ...?
- Erzählen Sie etwas über Ihre aktuelle Lebenssituation.
- Wie sind Ihre Kinder versorgt, während Sie arbeiten?

- Wie sieht Ihre Familienplanung aus?
- Was sagt Ihr Lebenspartner zu Ihren Plänen?
- Wie können Sie Beruf und Familie miteinander vereinbaren?
- Wollen Sie sich wirklich beruflich engagieren, oder …!
- Sind Ihre Kinder öfter krank?

Übersicht: Die zwölf wichtigsten Fragen

1. Wir möchten Sie kennenlernen. Erzählen Sie uns etwas über sich.
2. Warum bewerben Sie sich für diese Position?
3. Warum sind Sie der/die richtige Kandidat/in?
4. Was erwarten Sie für sich/von uns/dem Job?
5. Was sind Ihre Stärken/Schwächen?
6. Worauf sind Sie stolz, was sind Ihre Erfolge/Misserfolge?
7. Was möchten Sie in drei/fünf/zehn Jahren erreicht haben?
8. Warum haben Sie diesen Beruf/diese Tätigkeit gewählt?
9. Warum haben Sie von dort nach dort gewechselt und dann wieder …?
10. Wo liegen Ihre Arbeitsschwerpunkte?
11. Wie tanken Sie auf, wie verbringen Sie Ihre Freizeit?
12. Welche Fragen haben Sie an uns?

Ihre Vorbereitung

Jetzt geht's los – ein Test zum Einstieg

Sie dürfen entscheiden, welcher der drei Kandidaten im Vorstellungsgespräch Sie mit seiner Antwort mehr überzeugt. Wir machen zur Einstimmung also gleich einen Sprung in die Bewerbungsrealität, die Sie in Kürze auch kennenlernen werden.

Ihre Aufgabe: Entscheiden Sie, welcher der drei Kandidaten die folgende typische Frage durchschnittlich, wer recht gut und wer mit Abstand am besten beantwortet und warum?

Die Ausgangssituation: Ein Vorstellungsgespräch, die zu besetzende Position: Chefkoch, Gesprächspartner und Auswähler: der Restaurantleiter und seine Assistentin.

Die Frage: Wir möchten Sie kennenlernen. Stellen Sie uns doch einmal kurz Ihren Werdegang vor.

Kandidat A antwortet

Ja, also ... ich bin am 24. Mai 1975 in Potsdam geboren, aufgewachsen in Berlin, auch dort zur Schule gegangen. Mein Vater war Schlosser in einem Leder verarbeitenden Betrieb, und meine Mutter hat in demselben Unternehmen in der Buchhaltung gearbeitet. Ich habe auch noch zwei Geschwister: Klaudia, meine drei Jahre jüngere Schwester, arbeitet als Krankengymnastin in Rostock. Und Peter, mein fünf Jahre älterer Bruder. Er ist verheiratet und hat drei Kinder. Von Beruf ist er Berufsschullehrer. Zuvor hatte er aber eine Ausbildung als Elektriker gemacht, dann später sogar seinen Meister. Und irgendwann hat er sogar studiert.

Ich habe in der Schule ja anfangs Schwierigkeiten gehabt und konnte auch nicht gleich nach der Schule eine Lehrstelle finden. Deshalb habe ich zunächst einmal gejobbt. So dies und das, aber schnell gemerkt, mir fehlt da echt etwas an Bildung. Und so bin ich dann zurück auf die Schule. Diese zwei Jahre haben mir eigentlich gutgetan. Jetzt wusste ich, warum ich doch das Abitur anstrebe …

Hier blenden wir uns aus, wissen nicht, wie es weiter geht, schauen und hören jetzt dem nächsten Kandidaten zu … Wieder die gleiche Frage: Wir möchten Sie kennenlernen, stellen Sie uns doch einmal kurz Ihren Werdegang vor.

Kandidat B antwortet

Mein Name ist Hans Plotin, ich will mich aber zunächst einmal bei Ihnen für die Einladung bedanken. Sie wissen ja, ich bin gelernter Koch, habe meine Lehre in Lüneburg im Schlosshotel absolviert und bin 1998 nach meinem Abschluss dann für zwei Jahre in die Schweiz gegangen. Zunächst nach Basel, wo ich in einem kleinen Familienbetrieb eigentlich für alles zuständig war, da gab es neben mir nur noch den Chef und einen Lehrling, und dann, etwa neun Monate später, bin ich noch für ein Jahr in Zürich gewesen. Da habe ich zum erstem Mal die Verantwortung für drei Jungköche gehabt, das war ein Spezialitätenrestaurant der besonderen Güte, wir haben beinahe täglich ein halbes Pfund Trüffel verarbeitet und auch andere schöne Dinge, die unseren Ruf als erstes Haus am Platz wirklich begründet haben. Ich habe da ganz entscheidende Dinge gelernt, das bekommt man nicht überall geboten. Aber nach etwas mehr als einem Jahr, das war im November 2001, bin ich wieder nach Deutschland …

Und wieder blenden wir uns aus und starten mit einem neuen Bewerber sowie der nun schon gut bekannten Frage: Wir möchten Sie kennenlernen, stellen Sie uns doch einmal kurz Ihren Werdegang vor.

Kandidat C antwortet

In meiner jetzigen Position bin ich für die Arbeitseinteilung und Ausbildung unserer drei Jungköche und der beiden Lehrlinge zuständig. Vor etwa drei Jahren habe ich in diesem Betrieb angefangen. Den Meister hatte ich einmal bei einem Lehrgang kennengelernt, und da fiel mir seine sehr sachliche, ruhige Art positiv auf. Vor allem aber, der wusste was, das hat mir imponiert. Ich habe den Wechsel in diesen Betrieb auch nie bereut. Hier konnte ich echt noch etwas lernen, mich beweisen. Der Meister hat mir schnell sehr viel Verantwortung übertragen und mir viel Entscheidungsspielraum gelassen. So etwas weiß ich zu schätzen, und das war für mich Ansporn und Verpflichtung zu besonderen Leistungen. In der Ausbildung der Lehrlinge bin ich jetzt seit etwa einem Jahr engagiert. Meine eigene Ausbildung: nach Abschluss der Realschule habe ich drei Jahre in einem kleinen Familienbetrieb gelernt und bin dann 1997 zu einem Großunternehmen gewechselt, um auch einmal diese Betriebform kennenzulernen …

Was meinen Sie zu diesen drei Kandidaten? Sie haben hier jeweils nur einen kleinen Gesprächsausschnitt, die allererste Einstiegsfrage und die Antwort, erlebt. Dabei spielt das Berufsfeld eigentlich keine Rolle. Wie ist Ihr Eindruck? Welcher Kandidat beantwortet die ihm gestellte Frage besser, präsentiert sich geschickter als die anderen beiden? Kandidat A, B oder C? Und woran liegt es?

Kurze Zwischenüberlegung: Geht es hier um eine konkrete inhaltliche Antwort? Oder sind diese bzw. ähnliche Fragen (»Erzählen Sie uns mal …«) eher ein Anlass für Sie, um Ihrem Gegenüber ein Bild von sich zu vermitteln, das ihm hilft, sich für Ihre Person zu entscheiden?

Kein Zweifel! Es kommt darauf an, die Chance zu nutzen und die Aufforderung wahrzunehmen, sich von seiner »Schokoladenseite« zu präsentieren. Und das will gut vorbereitet sein.

Unsere Einschätzung

Kandidat C hat es am besten gemacht!

Kandidat A hat sich sehr ungeschickt verhalten und wenig von sich, dafür viel von seiner Familie erzählt.

Kandidat B hat gute Ansatzpunkte, z.B. der Dank für die Einladung. Er erzählt flüssig und nicht langweilig, aber im Gegensatz zu Kandidat C gelingt es ihm nicht, seine zentrale Botschaft zu vermitteln. Am Ende verliert sich unser Kandidat B zu sehr in Details, kommt zwar nicht so weit ab »vom Wege« wie Kandidat A, aber in Relation zu C ist er nur gutes Mittelmaß.

Kandidat C erzählt sofort, welche Verantwortung er hat – ein Grund, ihn eventuell einzustellen –, um dann in seinen Bericht geschickt die (Verkaufs-)Botschaften in eigener Sache einzuweben, die ihn interessant werden lassen: Lernbereitschaft, Engagement, Ehrgeiz, Verantwortungsbewusstsein, pädagogisches Geschick. Dieser Kandidat überzeugt schnell.

Auf das richtige Bewusstsein kommt es an ...

Als Einstieg in die Vorbereitung auf das Vorstellungsgespräch geht es uns darum, die üblichen und weit verbreiteten Denkmuster in einer Bewerbungssituation aufzubrechen und Ihnen eine neue Perspektive aufzuzeigen. Deshalb folgen zunächst drei Fragen, die Ihr Bewusstsein schärfen werden.

Frage: *Was ist das Gemeinsame an einem Banküberfall und einer Arbeitsplatzeroberung?*

Zugegeben – ein etwas skurriler, provokanter Vergleich, bei dem verschiedene Antworten vorstellbar sind, aber ein großes gemeinsames Moment liegt in der akribischen strategischen Planung. Und sicherlich gehört auch etwas Mut dazu ...

Und selbst die Eroberung einer geliebten Person, das Flirten und Werben um Ihr »Objekt der Begierde« ist durchaus vergleichbar mit den Aktivitäten, die Sie zu diesem Buch haben greifen lassen. Ein erstes Rendezvous ist auch nichts anderes als eine Art Vorstellungsgespräch.

Frage: *Als was fühlen Sie sich? Als Arbeitnehmer oder Arbeitgeber?*

Sehr wahrscheinlich ist Ihre schnelle Antwort: Arbeitnehmer, schließlich haben Sie eine Lohnsteuerkarte und suchen ein lohnabhängiges Beschäftigungsverhältnis.

Denken Sie einmal umgekehrt: *Sie* bieten Ihre Arbeit in Form einer Dienstleistung (am Arbeitsmarkt) an. Sie verkaufen Ihr besonderes Know-how an einen »Kunden«, den Arbeitsplatzanbieter. Ihr »Kunde« hat dabei die Qual der Wahl zwischen mehreren Anbietern. Sie werben für sich und möchten ihn gern überzeugen, sodass er sich für Ihr Arbeitsangebot entscheidet.

Frage: *Wer ist Ihr wichtigster Kunde und wer Ihr bester Lieferant?*

Ihr Vorgesetzter! Diesen müssen Sie als Erstes mit Ihrer Arbeit zufriedenstellen, er nimmt Ihre »Dienstleistung« ab.

WICHTIGER HINWEIS

Sie sind am Arbeitsmarkt ein Unternehmer. Ihre Dienstleistung, Ihre Fähigkeit zur Problemlösung gilt es gut zu verkaufen. Ihr Kunde hat ein Problem, und nur deshalb sucht er jemanden, der ihm bei der Lösung hilft.

Ihrem Kunden ist es dabei egal, ob Sie sich weiterentwickeln wollen oder nur Ihre Miete bezahlen möchten. Ganz gleich, ob Sie Ihr tägliches Brot, die aufwendigen Hobbys Ihres Partners oder die Hypothek auf Ihr Haus finanzieren müssen, all dies spielt für Ihren Auftraggeber eine untergeordnete Rolle. Dieser ist vor allem daran interessiert, einen nachweislich kompetenten, hoch motivierten und vertrauenswürdigen Mitarbeiter zu bekommen. Und deshalb ist für Sie ein kundenorientiertes und unternehmerisches Denken angesagt. Folgende drei Bausteine bilden dabei eine solide Ausgangsbasis:

1. Selbsterkenntnis
2. Selbstbewusstsein
3. Selbstvertrauen

1. Selbsterkenntnis – zu Ihren Spezialkenntnissen, Fähigkeiten und Ihrer Wesensart

Ihre Aufgabe ist es, den potenziellen Arbeitgeber von Ihrer Leistungsfähigkeit zu überzeugen. Mehr als alles andere interessiert diesen, welchen Gewinn es *ihm* bringen wird, wenn er Sie einstellt. Seien Sie also vor allem auf die Frage: »Was können Sie für mich, für das Unternehmen tun?« vorbereitet. Ziehen Sie deshalb vorab eine Bilanz Ihrer Fähigkeiten (Kompetenzen) und Stärken, und fragen Sie sich, welche Erfahrungen und Eigenschaften Sie für die angestrebte Stelle besonders qualifizieren.

Die Herausforderung ist zu vermitteln, wofür Sie stehen. Benennen Sie Ihre wichtigsten Fähigkeits- und Persönlichkeitsmerkmale, Eigenschaften und Charakterzüge: Welche sollten Sie unbedingt vermitteln, welche sind von spezieller beruflicher Relevanz, und wie können Sie dies alles glaubhaft belegen? Dabei gilt es, sich auf das Wesentliche zu beschränken und vier bis fünf Merkmale, die Sie beruflich und charakterlich klar auszeichnen, herauszuarbeiten. Diese sollten Sie mit Beispielsituationen belegen können.

TIPP

Finden Sie bereits jetzt Antworten auf diese Frage und überzeugen Sie so Ihren potenziellen Arbeitgeber. Wenn Sie Ihre Schlüsselqualifikationen nicht spontan benennen können, »erarbeiten« Sie sich die Antworten. Wir zeigen Ihnen, wie dies geht (s. S. 57ff.).

2. Selbstbewusstsein – zu den Spielregeln

Im Vorstellungsgespräch ist es notwendig, dem Arbeitgeber selbstbewusst gegenüberzutreten. Diese Sicherheit kommt auch durch das Bewusstsein über die eigenen Fähigkeiten und die eigene Motivation zustande. Bedenken Sie allerdings, dass weder übersteigertes Selbstwertgefühl noch das andere Extrem in Form einer übertriebenen Bescheidenheit auf dem Arbeitsmarkt gefragt sind.

Geben Sie dem Entscheidungsträger dabei stets das Gefühl, dass er und sein Unternehmen davon profitieren, wenn er Sie einstellt. Stellen Sie dabei weniger Ihre Person, als vielmehr Ihre Leistungen in den Vordergrund. Das hat nichts mit Bescheidenheit, aber sehr viel mit Erfolgsintelligenz zu tun.

3. Selbstvertrauen – zu Ihrer Selbstwirksamkeit

Die Erfolgsaussichten Ihrer Bewerbung verbessern sich entscheidend, wenn Sie ein stabiles Selbstvertrauen haben. Sie erlangen dieses durch ein sicheres Gefühl darüber, was die eigenen Fähigkeiten, Ihre Kompetenzen und Ihre Leistungsmöglichkeiten anbetrifft, und durch die Kenntnis der Spielregeln des Arbeitsmarktes.

Sie sind sich darüber im Klaren, was Sie können, wollen und anzubieten haben. Jetzt geht es darum, dies dem Arbeitsplatzanbieter auch angemessen zu vermitteln. Geben Sie ihm das Gefühl, dass er mit Ihrer Unterstützung seine Probleme besser lösen kann. Und verdeutlichen Sie ihm, welchen Gewinn es bringt, wenn er Sie einstellt.

... und auf Ihre Einstellung

Mit diesem Buch möchten wir Sie dabei unterstützen, sich die richtige innere Einstellung für Ihr erfolgreiches Vorstellungsgespräch zu erarbeiten – um Ihr Ziel zu erreichen, eingestellt zu werden.

Wenn Sie überzeugt sind, etwas erreichen zu können, sind Sie Ihrem Ziel schon ein Stück näher.

Worum geht es? Angenommen, ein Bewerber geht voller Zweifel zum Vorstellungsgespräch. Er ist unsicher, ob er wirklich den angebotenen Arbeitsplatz haben möchte, er ist sich seiner Fähigkeiten nicht sicher. Die Wahrscheinlichkeit, dass diesem Bewerber ein Arbeitsplatz angeboten wird, ist sehr gering. Die nicht vorhandene Motivation und die Misserfolgserwartung wird auf die eine oder andere Art »rüberkommen« und dem Arbeitsplatzanbieter auffallen. Logisch, dass dieser sich für einen anderen Bewerber entscheidet.

Falsch wäre aber auch der Umkehrschluss, ein Bewerber sei allein schon deshalb erfolgreich, weil er nur ganz fest daran glaubt, genau der Richtige und kompetenter als jeder andere zu sein. Denn wenn man gleich zu Anfang des Vorstellungsgespräches seinem Gegenüber mitteilt, dass man der einzig richtige Kandidat sei, ist das auch ein relativ sicherer Weg, sich alle Chancen zu verbauen.

Und trotzdem: Sie als Bewerber müssen von sich, von Ihren Qualitäten und Qualifikationsmerkmalen überzeugt sein. Wer, wenn nicht Sie?

Wichtig: Eine Bewerbung ist immer Überzeugungsarbeit. Wer überzeugen will, braucht Kraft – Überzeugungskraft. Diese muss man zunächst aus sich selbst schöpfen können, es bedarf jedoch auch der Unterstützung durch Ihre Umgebung.

Ein kleiner Exkurs in die Vergangenheit

Wer als Kind ständig gesagt bekam: »Lass das, das kannst du nicht, du bist ein Tollpatsch, Dummkopf« usw., wird später auf seinem »Selbstvertrauens-Konto« eher ein Defizit haben und sich folglich schwertun, darauf zurückzugreifen.

Anders in dem Fall, wo glückliche Umstände und/oder Personen im rechten Augenblick und Maß bereits in der Kindheit wiederholt signalisierten: »Das schaffst du schon, auch wenn es schwierig ist, wir glauben an dich, du bist okay, nur weiter so ...« Wenn das so war, wird ein gut gefülltes »Selbstvertrauens-(Bank)-Konto« im Erwachsenenleben (und damit auch bei beruflichen Dingen) zur Verfügung stehen.

Der Wunsch, willkommen geheißen und angenommen zu werden, begleitet uns ein Leben lang. So gesehen befinden wir uns schon im frühesten embryonalen Stadium unserer Existenz in einer ersten Bewerbungssituation. Auch hier geht es bereits um die Frage: Werde ich von den Eltern angenommen? Entspreche ich den allgemeinen Wünschen (Junge oder Mädchen, angehende Eiskunstläuferin oder Doktor der Medizin in spe? – später: Bin ich der ideale Kandidat für den Job?). Kann ich mich als »Neuer« in Kindergarten oder Schule beweisen?

Auch bei der Partnersuche und -auswahl geht es um nichts anderes als um typische Bewerbungssituationen (Kleidung, Auftreten, wissen, was man sagt). So sind Liebesbriefe durchaus vergleichbar mit den Bewerbungsanschreiben für eine ausgeschriebene Stelle. Kontakt- und Heiratsanzeigen weisen Parallelen zu Stellenanzeigen auf und selbst das Kreditgespräch am Bankschalter ist eine typische Vorstellungsgesprächssituation.

WICHTIGER HINWEIS

Unser Alltagsleben steckt also voller Bewerbungssituationen mit vielen Parallelen zu Vorstellungsgesprächen.

Mit diesen Anregungen möchten wir Ihnen, liebe Leserin, lieber Leser, einen Augenblick des »In-sich-Kehrens« empfehlen. Wir wünschen Ihnen für diese erste Vorbereitungsphase eine gute und konstruktive Auseinandersetzung mit sich selbst, aber auch mit Ihnen nahestehenden Menschen in Ihrer unmittelbaren Umgebung. Nehmen Sie sich diese Zeit, und seien Sie geduldig, sowohl mit sich als auch mit Ihrer Umwelt. Eine intensive Beschäftigung mit Ihrer inneren Einstellung zu der vor Ihnen liegenden Aufgabe Vorstellungsgespräch wird Ihnen helfen. Dies gilt generell für alle wichtigen Unternehmungen in unserem Leben.

Ihre Vorbereitung auf Ihre Vorstellung kann beginnen

Prima! Sie haben eine Einladung zu einem Vorstellungsgespräch erhalten.

Worum geht es jetzt, und worauf kommt es an? Personalentscheider wollen im Vorstellungsgespräch wissen, ob Sie als Bewerberin bzw. Bewerber zum Unternehmen und in das vorhandene Team passen. Dabei geht es um anforderungsbezogene und auch persönliche Eignungsmerkmale, die im Vorstellungsgespräch überprüft werden sollen.

Aus diesem Grund wählt man aus den vorliegenden Unterlagen die interessantesten und vielversprechendsten Bewerber aus. In der Regel haben daran mehrere Personen mitgewirkt, z.B. der Geschäftsführer, der Personalreferent, der Abteilungsleiter, möglicherweise auch die Sekretärin. Es sind 250 Bewerbungen eingegangen, und nun muss man sich auf Arbeitgeberseite* darauf verständigen, wie viele Kandidaten geeignet erscheinen und wie viele man näher kennenlernen will und kann.

Häufig telefoniert der Personalentscheider zunächst mit mehreren Kandidaten, bevor Einladungen ausgesprochen werden. Im Vorstellungsgespräch geht es darum, die bisher vorliegenden Informationen

* Sie wissen ja: Eigentlich sind *Sie* der »Arbeitgeber«.

zu ergänzen und einen persönlichen Eindruck von Ihnen als Bewerber zu bekommen. Dabei wird die Ausprägung von Persönlichkeitszügen und Eigenschaften wie Leistungsbereitschaft, Motivation, Anpassungsfähigkeit, Einordnungsbereitschaft und Kompetenz unter die Lupe genommen. Ebenso konzentriert man sich auf äußere Merkmale wie Aussehen, Auftreten, Manieren sowie auf das sprachliche Ausdrucksvermögen.

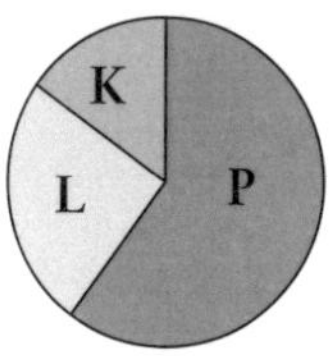

Hinweis: Grundlage für die Einstellungsentscheidung ist, wenn Sie erst einmal zu einem Vorstellungsgespräch eingeladen worden sind, in der Regel etwa zu 60 Prozent Ihre Persönlichkeit, zu 25 Prozent Ihre Leistungsmotivation und nur zu etwa 15 Prozent Ihre fachliche Kompetenz.

Warum wird Ihre Wesensart höher bewertet und mehr geschätzt als Ihre Fachkompetenz? Nun, Sie mögen intelligent sein, wie Sie wollen, wenn man Ihnen nicht vertrauen kann, muss man befürchten, Sie könnten in einem wichtigen Moment betrügen, seien nicht loyal, nicht verlässlich o.Ä. Deshalb liegt nach der ersten Auswahl durch Ihre Bewerbungsunterlagen das Hauptaugenmerk des Entscheiders auf Ihrer Persönlichkeit. Er hört in der Regel auf sein Bauchgefühl. Sind Sie ihm sympathisch? Vertraut er Ihnen? Traut er Ihnen zu, die anstehenden Aufgaben zu lösen?

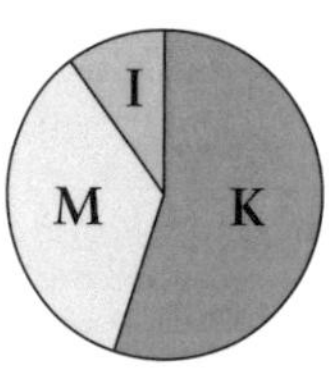

Hinweis: Die Wahrnehmung und Beurteilung einer Person wird dabei zu mehr als 55 Prozent durch den äußeren Eindruck geprägt (Kleidung und Körpersprache: K), zu über 35 Prozent durch die Art und Weise, wie Sie etwas sagen (Mimik, Gestik und Sprechweise: M) und nur zu knapp 10 Prozent durch das inhaltlich Gesagte (I). Erstaunlich!

Es gibt Einzel- und Gruppenvorstellungsgespräche. Ihre Dauer ist unterschiedlich, je nach Arbeitsplatz und Bewerberzahl bzw. Gesprächsteilnehmern auch auf der Arbeitgeberseite. Klar ist, dass z. B. ein Bewerber als Theaterintendant mehrere längere Vorstellungsgespräche hat und dass Kandidaten mit geringerer Qualifikation, zum Beispiel eine Bäckereiaushilfsverkäuferin, mit höchstens zwei Gesprächen rechnen müssen, die nicht länger dauern sollten als jeweils eine halbe Stunde.

So betrachtet ist das Vorstellungsgespräch eine mündliche Test- und Prüfungssituation, auf die man sich gut vorbereiten kann und sollte. Das gilt für beide Seiten, auch der Auswähler sollte gut vorbereitet sein. Investieren Sie mindestens die gleiche Zeit für Ihre Vorbereitung wie für die schriftliche Bewerbung; planen Sie wenigstens einen oder zwei Tage ein.

Übrigens: Nicht nur Sie befinden sich auf dem »Prüfstand«. Auch das Unternehmen und die Personen, Vorgesetzte und Mitarbeiter, für die Sie zukünftig vielleicht arbeiten, werden geprüft. Von Ihnen! Überlegen Sie sich sehr gut, ob Sie dort wirklich arbeiten wollen, ob diese Aufgaben tatsächlich gut zu Ihnen passen.

TIPP

Sie können sich mit einem Schauspieler vergleichen, der sich um ein Engagement bewirbt und vorspricht. Auch er hätte ohne Vorbereitung, Übung und präzises Rollenstudium keine Chance. Schon der Begriff »Vorstellung« deutet auf die Parallele zum Theater hin. So ließ sich der gelernte Schauspieler und Expräsident Ronald Reagan vor jeder Pressekonferenz von seinem Beraterteam zu einem bestimmten Thema mögliche Journalistenfragen (insbesondere die unangenehmen) und die passenden Antworten zusammenstellen. Diesen Frage-Antwort-Katalog lernte Mr. President auswendig.

Die vier wichtigsten Aspekte bei der Vorbereitung

1. die eigene Ausgangsposition und die des Gegenübers
2. Details über die Firma bzw. die Institution und die Branche
3. der Gesprächsablauf und die zu erwartenden Fragen
4. der organisatorische Teil (Anreise, Kleidung usw.)

Für alle vier Aspekte gilt: Wissen ist Macht, und Übung macht den Meister. Je besser Sie sich auf das Vorstellungsgespräch vorbereiten, umso gelassener können Sie auf heikle Fragen reagieren.

Ihre Ausgangsposition

Erwartungen auf Arbeitgeberseite

Worauf achten Arbeitgeber bei der Auswahl neuer Arbeitskräfte? Welche persönlichen und beruflichen Anforderungen stellt Ihr Auftraggeber? Was wünscht er sich?

Arbeitgebern reicht es nicht, dass Sie Fähigkeiten besitzen. Sie wollen wissen, wie Sie diese anwenden: ob Sie Betriebsamkeit vortäuschen oder wirklich versuchen werden, Probleme zu lösen. Kann, darf man Ihnen vertrauen, etwas zutrauen, werden Sie sich als ehrlich und loyal erweisen?

Es ist erschreckend, wie wenige Bewerber sich vor einem Vorstellungsgespräch Gedanken über die Bedürfnisse von Unternehmen machen. Arbeitgeber suchen Angestellte, die auf der Grundlage von Vertrauen Ergebnisse produzieren: Gewinne, Sicherheit, Kostensenkung, verbesserte Organisationsabläufe, neue Lösungen. Ein motivierter Bewerber geht demonstrativ auf die Bedürfnisse des Arbeitgebers ein. Wenn Sie nicht wissen, was in einem bestimmten Unternehmen oder Berufsfeld von Ihnen erwartet wird, werden Sie den Arbeitgeber schwer überzeugen können. Sie sollten ihm durch Kenntnisse über sein Arbeitsfeld zeigen, was er in Zukunft von Ihnen erwarten kann.

Doch wie finden Sie heraus, was Arbeitgeber erwarten?

Ein gedanklicher Rollentausch: Sie kaufen Ihr Gemüse im Supermarkt um die Ecke und sorgen so dafür, dass dort Arbeitsplätze erhalten bleiben oder auch neue entstehen. Was erwarten Sie als derjenige, der als Kunde »Arbeit möglich macht«? Sie wünschen sich, dass man freundlich zu Ihnen ist, Sie fair behandelt, Ihnen kein schlechtes Gemüse verkauft etc. Sie verlangen eine gute Leistung zu günstigen Preisen. Sie haben den Anspruch, rasch bedient zu werden. Falls eine oder mehrere dieser Bedingungen nicht erfüllt werden, überlegen Sie es sich, in Zukunft lieber drei Kilometer weiter zum nächsten Supermarkt zu fahren, weil man dort kundenfreundlicher, vielleicht auch »ehrlicher« ist.

Ein weiteres Beispiel: Sie entscheiden sich kurzfristig, nach Sydney zu reisen und möchten nun den Flug buchen. Vor Ihnen liegt der Reiseteil Ihrer Zeitung mit den Angeboten und Telefonnummern verschiedener Reisebüros. Zunächst rufen Sie im Reisebüro A an. Die Dame am anderen Ende ist kurz angebunden: »Ich habe jetzt keine Zeit. Rufen Sie in einer Stunde wieder an.« Nächster Versuch im Reisebüro B. Dort nimmt man sich immerhin die Zeit, Sie über die »aktuellen Trends« zu informieren: »Nein, da muss ich gar nicht nachschauen. Im Moment fliegt kein Mensch nach Australien. Da wird schon etwas frei sein. Kommen Sie in den nächsten Tagen einfach mal vorbei.« Erst in Reisebüro C geht man auf Ihre Wünsche ein: »Nennen Sie mir doch bitte die Daten für Hin- und Rückflug, Herr Müller. Wissen Sie schon, mit welcher Gesellschaft Sie fliegen möchten, oder soll ich schauen, welche Linien günstige Tarife und Abflugzeiten bieten? Wenn Sie möchten, rufe ich Sie in fünf Minuten zurück, dann habe ich die nötigen Informationen. Falls Sie heute keine Zeit haben, in unser Büro zu kommen, können wir Ihnen auch gerne für ein paar Tage die Plätze frei halten.« Keine Frage, wo Sie am Ende Ihren Flug buchen!

An diesen Beispielen ist sehr gut zu erkennen, worauf Arbeitgeber Wert legen: Sie wollen sympathische, vertrauenswürdige Mitarbeiter, die kompetent sind und sich für sie engagieren. Gerne stellen sie Leute ein, die ihnen von Vertrauenspersonen empfohlen wurden. Auf diese Weise glauben sie, das Risiko einer Fehlentscheidung so gering wie möglich zu halten.

Es gibt dabei durchaus eine Hierarchie der Auswahlkriterien, mittels derer Arbeitgeber vorzugsweise freie Stellen besetzen.

Die Weichensteller – Kompetenz, Leistungsmotivation und Persönlichkeit

Den potenziellen Arbeitgeber interessiert vor allem Folgendes: Was können Sie (Kompetenz = welche Probleme können Sie lösen)? Was sind Sie bereit zu leisten (Leistungsmotivation = haben Sie Biss)? Und kann man mit Ihnen zusammenarbeiten (Persönlichkeit = sind Sie sympathisch, vertrauenswürdig?). Hauptziel Ihres Bewerbungsvorhabens ist also, diese drei Weichensteller – **KLP** – transparent zu machen. Das bedeutet konkret:

1. Kompetenz: Verfügt der/die Bewerber/in über die erforderlichen generellen und fachlichen Qualifikationsmerkmale? Ist er/sie kompetent? Kann der Arbeitgeber Ihnen die Bewältigung des Jobs/der Aufgaben zutrauen (im Sinne von: Sie werden es schon schaffen, weil Sie so und so sind bzw. das und das können ...)?

2. Leistungsmotivation: Was bewegt den Bewerber, was sind seine Motive für Arbeitsplatz- und Aufgabenwahl und ist er motiviert, Außerordentliches zur Verwirklichung von Unternehmens- bzw. Institutionszielen zu leisten? Ist er/sie leistungsmotiviert, lernfähig und arbeitswillig? Werden Sie sich mit der Firma bzw. Institution und Ihrer Aufgabe in hohem Maße identifizieren?

3. Persönlichkeit: Mobilisiert der Bewerber Sympathiegefühle? Passt er zum Team, zum Unternehmen (bzw. zur Institution)? Wie geht er mit anderen um? Kann man ihm/ihr vertrauen und dadurch auch wieder etwas zutrauen? Wie psychisch stabil und physisch gesund wirkt er?

Ziehen Sie eine Bilanz Ihrer beruflichen und persönlichen Fähigkeiten und Stärken, und stellen Sie heraus, welche Eigenschaften Sie für die angestrebte Stelle qualifizieren. Konzentrieren Sie sich dabei auf konkrete Ergebnisse.

Ist es Ihnen beispielsweise gelungen, den Umsatz Ihrer Abteilung im Laufe von fünf Jahren um 20 Prozent zu steigern? Sie haben erfolgreich verhandelt und konnten den Einkaufsrabatt von 10 auf 20 Prozent erhöhen? Falls Sie als Berufseinsteiger keine Berufserfahrung mitbringen, wird es Ihnen schwererfallen, Leistungen anzuführen, die den Arbeitsplatzanbieter neugierig auf Sie machen. Dennoch: Sie können Erfolge während Ihrer Ausbildung, Ihres Studiums oder in Ihrem Privatleben vorweisen. Nur: Wie haben Sie diese erreicht? Wie sind Sie an die Aufgabe herangegangen? Und von welcher Ihrer Schlüsselqualifikationen kann Ihr Gegenüber zukünftig ganz konkret profitieren?

TIPP

Vermitteln Sie selbstbewusst und schlüssig Ihr berufliches und persönliches Profil. Dabei sollten sich Ihre Botschaften wie ein roter Faden bereits durch Ihre gesamte Bewerbung (Anschreiben, Foto, Lebenslauf, Zeugnisse) ziehen. Auch Ihr bevorstehender Auftritt sollte zu Ihren Kernkompetenzen, zu Ihrer Persönlichkeit, Ihrem Leistungsversprechen und natürlich zu dem angestrebten Job passen.

Die Zauberformel – wie Sie Sympathie für sich mobilisieren

Gelingen oder Misslingen eines Vorstellungsgesprächs hängt entscheidend mit davon ab, wie sympathisch Sie auf den Auswähler wirken. Es geht um den berühmt-berüchtigten ersten Eindruck, in dem bei zwei Gesprächspartnern, die sich bisher unbekannt waren, die Weichen in Richtung einer positiven (Sympathie) oder negativen Gefühlsreaktion (Antipathie) gestellt werden. So sind die ersten Minuten eines Vorstellungsgesprächs von entscheidender Bedeutung.

Die Übersicht auf der nächsten Seite verdeutlicht auf einen Blick, was Sympathie hervorruft bzw. verhindert.

Sympathisch wirken Sie, wenn Ihr Gegenüber den (ersten) Eindruck und die Hoffnung gewinnt, dass Sie einen Beitrag zu seiner Bedürfnisbefriedigung (Erfolg, Macht etc.) leisten können.

Umgekehrt: Das Gefühl der Antipathie basiert auf dem Eindruck, dass der/die andere zur eigenen Bedürfnisbefriedigung keinen oder einen zu geringen Beitrag leisten kann.

Sympathiefördernd sind vor allem Identifizierungsprozesse (»Mein Gegenüber ist ja genauso/ähnlich wie ich«) und biografische Gemeinsamkeiten (z.B. bezüglich früherer Wohnorte, Ausbildungsinstitutionen und Arbeitgeber).

Während Sympathie (wie auch Antipathie) bei einer ersten Begegnung spontan affektiv spürbar ist, werden die Schlüsselmerkmale Leistungsmotivation und Kompetenz attribuiert. Da es sich hier um

Sympathie heißt Gefühl von	**Antipathie heißt Gefühl von**
Interesse an Ihrer Person	Desinteresse
Vertrauen	Misstrauen
positive Gefühle	negative Gefühle
Zuneigung	Abneigung
Wärme	Kälte
Gemeinsamkeiten	fehlende Gemeinsamkeiten
Attraktivität	Abstoßung
Schönheit	Hässlichsein
»gleiche Wellenlänge«	»andere Wellenlänge«
Zugewandtheit	Abgewandtheit

Sympathie wird eher mobilisiert durch …	**Antipathie wird eher mobilisiert durch …**
Anpassung	mangelnde Anpassung
Charisma	fehlendes Charisma
Freundlichkeit	Unfreundlichkeit
Höflichkeit	Unhöflichkeit
Gelassenheit	Nervosität
Ruhe	Unruhe
Selbstsicherheit	Selbstunsicherheit
Geduld	Ungeduld
Toleranz	Intoleranz
Gleichberechtigung	Dominanz-/Machtstreben
gewähren lassen (Freiheit)	Beherrschung (Unfreiheit)
Attraktivität	abstoßendes Äußeres
Schönheit	Hässlichsein
Gewandtheit	Unsicherheit
Entspanntheit	Gespanntheit
gleiche/ähnliche	stark unterschiedliche
Interessen/Hobbys	Interessen/Hobbys

Merkmale handelt, die sich nicht unmittelbar mitteilen, sind wiederum Zu- und Vertrauen mit im Spiel.

Leistungsmotivation und Kompetenz offenbaren sich nicht so schnell wie das zentrale, auf die Persönlichkeit bezogene und auch durch unbewusste Faktoren mitgesteuerte Sympathiegefühl. Wer jedoch leistungsmotiviert und kompetent wirkt, macht sich zusätzlich zu seinen sonstigen Persönlichkeitsmerkmalen sympathisch und trägt beim Interviewer dazu bei, sein Bedürfnis nach Erfolg zu realisieren. Für den Interviewer besteht Erfolg bereits darin, einen Kandidaten empfohlen zu haben, der den Posten bekommt und sich später bewährt. Aus Bewerbersicht muss es daher Ziel sein, die drei Grundzüge »Persönlichkeit«, »Leistungsmotivation« und »Kompetenz« während des gesamten Bewerbungsverfahrens als Signale so auszustrahlen, dass sie beim Arbeitgeber ankommen.

Ihre Position – zwischen Angebot und Nachfrage

Die beiden Ausgangspositionen – verkürzt: Ihre und die Ihres Gegenübers – bestimmen wesentlich den Verlauf des Vorstellungsgesprächs.

Übersicht: Diese Faktoren bestimmen Ihre Situation

- Ihr Arbeitsplatzwunsch und die aktuelle Arbeitsmarktsituation (z. B. Mangelberuf oder Überangebot?)
- Berufsaus- und Weiterbildung (Wann haben Sie Ihre Ausbildung gemacht, wann die letzte Weiterbildung? Sind Sie inhaltlich/fachlich und persönlich am Ball geblieben und haben Sie sich weiterentwickelt? Wenn Ihre Ausbildung 20 Jahre zurückliegt und die letzte Fortbildungsmaßnahme vor 10 Jahren stattgefunden hat, fehlen Ihnen im Vorstellungsgespräch nicht nur gute Argumente.)
- Tätigkeit/Erfahrung: Was machen Sie jetzt, wo wollen Sie hin und trauen Sie es sich zu, zum Beispiel gleichzeitig die Position und die Aufgabe zu wechseln (Sie möchten gern in ein anderes Aufgabengebiet wechseln und hier Vorgesetzter werden)?
- Ihre aktuelle Arbeitsplatzsituation (Ist das Schiff am Untergehen, oder können Sie gelassen nach neuen Ufern Ausschau halten?)

- Bisherige Häufigkeit von Arbeitsplatzwechseln (Ist es der dritte Wechsel innerhalb von zwei Jahren oder können Sie auf fünf Jahre Kontinuität an einem Arbeitsplatz zurückblicken)
- Bisherige Bewerbungserfahrung (Wer nach 22 Absagen die 23. Bewerbung abschickt, braucht ein besonderes Reservoir an Optimismus und Energie, um weiterhin mit der notwendigen Selbstsicherheit und Überzeugungskraft auftreten zu können.)
- Kontakte und »Vitamin B« (Haben Sie Beziehungen, und können Sie diese nutzen?)
- Persönlichkeits- und Leistungsmerkmale (Verfügen Sie über die Merkmale, die zu Ihrer angestrebten Position passen, d. h., sind Sie als Außendienstmitarbeiter kontaktfreudig und extrovertiert?)
- Äußeres Erscheinungsbild (Sind Sie gepflegt und passen sich den äußeren Rahmenbedingungen der jeweiligen Firma an? Mit einem Karl-Marx-Vollbart und/oder weißen Socken werden Sie nicht nur in der Finanzbranche auf Schwierigkeiten stoßen)
- Alter (Mit 59 liegt man z. B. bei der Bewerbung um eine leitende Position in einem Großkonzern eher hinter, während in einem kleineren Unternehmen gute Chancen für erfahrene Praktiker bestehen)

Die Beispiele sollen als Anregung dienen, darüber nachzudenken, welches die eigenen Plus- und Minuspunkte, die Marktchancen für Ihre Arbeitskraft sind. Zum Überdenken Ihrer Ausgangsposition gehört auch eine kritische Reflexion über die eigene Person und typische Charaktereigenschaften, die ihnen bisher vielleicht schon mehrfach in Ihrem Leben Schwierigkeiten gemacht haben. Wenn Sie beispielsweise dazu neigen, in einer Art Wiederholungszwang immer mit einem bestimmten Typ Vorgesetzten bereits nach wenigen Minuten in Streit zu geraten, weil Sie (unbewusst) an Ihren cholerischen Vater oder einen autoritären älteren Bruder erinnert werden, darf Ihnen dies im Vorstellungsgespräch nicht passieren.

Aber auch die Gegenseite hat ihre Ausgangsposition. Da ist die Arbeitsmarktsituation, die einen maßgeblichen Einfluss hat. Werden Spezialisten wie Sie gesucht oder gibt es Bewerber mit Ihrer Qualifikation wie Sand am Meer? Hat der Personalchef viele oder wenige Bewerbungen auf das Arbeitsplatzangebot erhalten? Handelt es sich um ein großes oder kleines Unternehmen? Stimmt das Timing der Personalplanung, oder leidet das Unternehmen unter Personalnot und Zeitdruck? Hat man es mit einem wirklichen Personalauslese-Profi oder eher mit einem Autodidakten auf diesem Gebiet zu tun? Dies alles hat seine spezifischen Auswirkungen.

Natürlich: Auch Ihr Interviewer ist nur ein Mensch mit unterschiedlicher Tagesform und all seinen Fehlern und Schwächen. Wenn er gerade stark mit eigenen Problemen und Stress konfrontiert ist, könnte sich das bei Ihrem Vorstellungsgespräch (unbewusst) fortsetzen, ohne dass Sie von diesem Hintergrund etwas ahnen bzw. etwas dazu beigetragen haben.

Ihre Ausgangsposition wird gestärkt, wenn Sie wissen, worauf es im Vorstellungsgespräch ankommt. Dazu gehört, die Hintergründe und Intentionen dieses Ausleseverfahrens genauestens zu kennen. Diese haben wir Ihnen global bereits im vorigen Abschnitt erläutert.

Im Folgenden beschäftigen wir uns mit der arbeitsplatzbezogenen Analyse und Informationsgewinnung für die Bewerbungsvorbereitung – immer mit dem Ziel, Ihre persönliche Ausgangsposition zu stärken.

Recherchieren Sie!

Wissen Sie genau, bei wem Sie sich bewerben? Für jede Werbeagentur ist klar: Je mehr wir über unseren Kunden und seine Vorstellungen wissen, desto besser können wir ihn zufriedenstellen. Er muss den Eindruck gewinnen, dass wir seine Belange verstehen und auf ihn zugeschnittene Lösungen anbieten.

Das heißt für Sie: Sie müssen Genaueres über Ihren künftigen Arbeitgeber herausfinden. Ihm wollen Sie Ihre Arbeitskraft verkaufen. Dadurch erhöhen Sie einerseits Ihre Chancen auf die betreffende Position, andererseits erfahren Sie bei solch einer Recherche mehr über die Stelle und ob diese tatsächlich Ihren Wünschen entspricht.

TIPP

Eine gründliche Vorbereitung auf den möglichen Arbeitgeber und sein Umfeld ist daher absolut notwendig.

Erste Informationen über das Unternehmen können Sie bereits der Stellenanzeige entnehmen, der Art und Weise, wie der Kontakt mit Ihnen als Bewerber angebahnt wird, sowie auch dem Einladungsschreiben und den eventuell beigefügten Informationspapieren.

Wichtige Unternehmensdaten

- Hauptsitz
- Branchen
- wichtige Tochterunternehmen/Beteiligungen
- Niederlassungen im In- und Ausland
- Produktpalette
- Zahl der Mitarbeiter im In- und Ausland
- Umsatz/Gewinn
- Geschäftsleitung
- Position auf dem nationalen und internationalen Markt (Marktanteile)
- Mitbewerber auf dem in- und ausländischen Markt
- wirtschaftliche Entwicklung der letzten fünf Jahre
- ggf. aktueller Aktienstand
- zukünftige Entwicklungschancen
- Firmengeschichte
- aktuelle Probleme

Neben diesen allgemeineren Informationen benötigen Sie Spezialwissen über die Abteilung bzw. den Unternehmenszweig, für den Sie sich beworben haben. Eine Bewerbung als Ingenieur um eine Position in der Motorenentwicklungsabteilung erfordert natürlich eine andere Auseinandersetzung mit den jeweiligen Aufgabenstellungen des angestrebten Arbeitsplatzes, als wenn Sie sich für den Wachschutz bewerben.

Informationen über den zukünftigen Arbeitgeber finden Sie in speziellen Nachschlagewerken (z.B. Hoppenstedt/Beratung in einer Bibliothek), in der Fachliteratur, in Zeitschriften und vor allem im Internet. Lassen Sie sich außerdem – evtl. unter dem Namen eines Freundes – Informationsmaterial zusenden, oder bitten Sie telefonisch um Auskünfte, bei größeren Unternehmen um Geschäftsberichte, Presseinformationen oder Organigramme (Darstellungen der Struktur einer Firma).

Nutzen Sie dabei wenn nötig die Hilfe von Experten, nehmen Sie

Beratungsangebote wahr. Denken Sie auch an die Kammern von Industrie, Handel und Handwerk bis hin zu besonderen Interessenvertretungen. Personalberatungsgesellschaften und Bewerbungsberater können Ihnen ebenfalls weiterhelfen. Hören Sie sich auch in Ihrem Bekanntenkreis um, ob jemand bei dem betreffenden Unternehmen arbeitet oder gearbeitet hat, machen Sie Insider aus, die Ihnen weitere Informationen liefern.

Es spielt keine Rolle, ob Ihr Informant erfolgreich ist oder nicht, zufrieden oder schlecht auf das Unternehmen zu sprechen – in jedem Fall können Sie für sich das Wissenswerte herausfiltern. Auch alle Arten von Messen sind immer gute berufliche Kontaktbörsen.

Am Telefon – anrufen und angerufen werden

Beim Telefonieren in einer Bewerbungssituation handelt es sich bereits um eine Art Vorstellungsgespräch. Daher ist eine gute Vorbereitung besonders wichtig – egal ob Sie selbst anrufen oder ob Sie angerufen werden. Einfach nur mal so anzurufen wäre sehr leichtsinnig.

Optimale Voraussetzungen sind ein ruhiger Ort (keine Familiendramen im Hintergrund!), die richtige Zeit (nicht Freitag, 17 Uhr!) und die Möglichkeit, sich nebenbei Notizen zu machen (also besser nicht aus einer Telefonzelle!). Überlegen Sie sich im Vorfeld: Wen wollen Sie sprechen, was genau wollen Sie fragen, was wollen Sie von sich mitteilen?

Wichtig: Mit dem Telefongespräch liefern Sie bereits eine erste Arbeitsprobe, vermitteln einen ersten Eindruck. Aus der Psychologie wissen wir, wie entscheidend und wie schwer zu revidieren dieser erste Eindruck ist. In den ersten Sekunden klassifiziert unser Gehirn schon, ob jemand sympathisch oder unsympathisch ist. Darum will eine solche Aktion gut überlegt sein. Sie müssen immer damit rechnen, dass sich Ihr Gesprächspartner Notizen über Sie macht.

Sie wollen beispielsweise Details über den Ablauf Ihres Vorstellungsgespräches erfahren? Geschickt eingesetzt kann eine telefonische

Nachfrage neugierig auf Ihre Person machen. Überlegen Sie sich eine intelligente Frage. Man wird Ihr Interesse schätzen und Ihren Namen »im Hinterkopf speichern«.

Negativ auf sich aufmerksam machen Sie bestimmt, wenn Sie Urlaubszeiten wissen wollen oder ob es ein 13. und 14. Monatsgehalt gibt. Ebenso wenig dürfen Sie Inhalte abfragen, die aus der Einladung zum Vorstellungsgespräch bereits klar ersichtlich sind.

Während des gesamten Bewerbungsprozesses ist es möglich, dass Ihr potenzieller Arbeitgeber Sie telefonisch kontaktiert. Seien Sie daher vorbereitet und melden Sie sich in dieser Zeit nicht mit Ihrem Spitznamen oder sonstigen Scherzen, mit denen Sie Ihre Freunde ab und zu beglücken. Bitten Sie Ihren Lebenspartner, Sie auf keinen Fall mit »Mausi, da ist ein Herr für dich dran, kannst du mal kommen?« ans Telefon zu holen. Denken Sie auch an Ihren Anrufbeantworter. Die Zen-Meditation auf Band oder Ihr Rolling-Stones-Lieblingsstück mag zwar Ihre Umgebung als Ausdruck Ihrer Persönlichkeit erfreuen – künftige Arbeitgeber halten so etwas eher für eine Zumutung.

Gezielte Überraschungsanrufe bieten Personalentscheidern die Möglichkeit, durch die Hintergrundgeräusche einen Einblick ins häusliche Leben zu gewinnen (laute Kleinkinder, die harsch zur Ruhe aufgefordert werden, die schrille Nachfrage aus dem Flur »Wer ist denn dran?« oder kläffende Haustiere machen nicht den besten Eindruck).

Für alle Fälle empfiehlt sich die kleine, nützliche Notlüge: »*Vielen Dank, Herr/Frau XYZ, das freut mich, dass Sie mich anrufen. Kann ich schnell meinen Besuch verabschieden, ich melde mich in einigen Minuten bei ihnen. Bitte geben Sie mir doch Ihre direkte Durchwahl …*« So gewinnen Sie einige Minuten Zeit, um sich zu sammeln und vorbereiten zu können …

TIPP

Sorgen Sie dafür, dass Sie stets alle nötigen Unterlagen in Reichweite haben. Nichts ist peinlicher, als wenn Sie nicht mehr wissen, worum es geht und welcher Arbeitgeber sich gerade meldet.

Richtig argumentieren – besser überzeugen

Das Vorstellungsgespräch ist für Sie die besondere Herausforderung, sich selbst und Ihr Leistungsangebot Ihrem Gegenüber überzeugend darzustellen, ja sogar dafür zu werben. Was sind Ihre Argumente (Verkaufs-, Überzeugungs-Botschaften, Ich-Aussagen), warum sollen sich die Arbeitsplatzanbieter und Personalauswähler für Sie als den besten Kandidaten entscheiden? Womit wollen Sie die Entscheider überzeugen?

Bitte notieren Sie innerhalb der nächsten drei Minuten hier (oder auf einem Blatt Papier) Ihre Argumente:

Fragen Sie sich selbstkritisch:

- Sind Sie mit Ihren eben kurz skizzierten Argumenten wirklich zufrieden?
- Sind Ihre Argumente von der Wichtigkeit und Anzahl wirklich ausreichend?
- Werden Ihre Argumente Ihre Zuhörer wirklich positiv für Sie einnehmen?

Wie leicht oder schwer fiel es Ihnen, hier Argumente in eigener Bewerbungssache auf das Papier zu bringen? Haben Sie mehr als fünf Argumente?

1. Schritt

Jetzt bringen Sie bitte Ihre Argumente in eine Rangfolge nach der Wichtigkeit und Bedeutung für Ihre Argumentation. Bilden Sie etwa drei (zunächst einmal) gleich große Gruppen: die erste Gruppe mit den besonders wichtigen Hauptargumenten, dann ein bedeutsames Mittelfeld und als dritte Gruppe alle restlichen Argumente, die für Sie als den richtigen Kandidaten sprechen.

2. Schritt

Ordnen Sie Ihre Argumente den bei der Bewerbung so wichtigen Kriterien Kompetenz (K), Leistungsmotivation (L) und Persönlichkeit (P) zu. Worum es dabei geht, haben Sie bereits gelesen (»Die Zauberformel«, s. S. 27ff.). Es kann durchaus vorkommen, dass ein Argument mehrere Aspekte umfasst.

Nehmen wir an, Ausdauer und Durchhaltevermögen sind wichtige Argumente für Sie als Bewerber. Das betrifft nun in erster Linie Ihre Leistungsmotivation, aber auch ein bisschen Ihre Persönlichkeit – je nachdem, wie Sie es verstehen und den anderen vermitteln können.

Noch ein Beispiel: Entscheidungsfreude und Mut sprechen als Argumente für Sie. Hier können neben der Persönlichkeit auch Kompetenz und Leistungsmotivation betroffen sein. Sie allein bestimmen, wie Sie die Buchstaben KLP zuordnen. Dabei spielt die Rangfolge durch die eben beschriebenen drei Gruppen (Hauptargumente, Mittelfeld, Rest) schon auch eine bedeutsame Rolle.

Beispiel

Zur Verdeutlichung stellen wir uns eine Sekretärin vor: Charlotte Rembrandt, 50 Jahre alt, verheiratet, zwei erwachsene Söhne, seit einem Jahr ohne Job. Sie ist zum Vorstellungsgespräch in einem kleinen Malerbetrieb (ein Meister und drei Gesellen) eingeladen. Die Bewerberin wird im Auswahlgespräch gefragt, welche Argumente für sie als Kandidatin sprechen. Sie nennt als Antwort folgende Argumente:

- *»Ich bin hoch motiviert, fleißig und zuverlässig.«*
- *»Ich habe eine langjährige Erfahrung in Büroorganisation vorzuweisen.«*
- *»Ich habe sehr gute PC-Kenntnisse.«*

Was meinen Sie: Werden diese Argumente den Malermeister überzeugen?

Antwort: Sicherlich nicht. Begründung: Auch die Damen vor und nach unserer Bewerberin haben sich als pünktlich, zuverlässig und gewissenhaft mit viel Büroerfahrung empfohlen.

Schade, denn Charlotte R. hat eigentlich etwas Besonderes zu bieten: Sie kann sich enorm engagieren, ist sehr selbstständiges, eigenverantwortliches Arbeiten gewöhnt – ihr letzter Chef hat ihr das gesamte Büro des Malereibetriebes mit zehn Gesellen und vier Azubis inklusive der Buchhaltung überlassen können –, und sie war über zwölf Jahre bei ihm, bis er aus Krankheitsgründen den Betrieb schließen musste. Hinzu kommt, dass Charlotte R. flexibel ist, was die Arbeitszeit anbetrifft. Sie wäre sogar bereit, nur vier Tage à sechs Stunden zu arbeiten, jederzeit aber auch mehr, wenn es die Geschäftslage erfordert. Und: Ihr neuer Chef würde von der Arbeitsagentur einen großzügigen Lohnkostenzuschuss (denn Charlotte R. ist 50) für einen längeren Zeitraum bekommen.

Charlotte ist eine gestandene Persönlichkeit, die Kinder sind bereits erwachsen und erfordern keinen Betreuungsaufwand. Ihr Mann arbeitet ebenfalls, und so ist für sie die Arbeit von besonderer Bedeutung. Das alles hat sie im Vorstellungsgespräch aber nicht gesagt. Wirklich schade!

Schauen wir uns nochmals Charlottes Argumente an und ordnen wir sie den drei Schlüsselbegriffen Kompetenz, Leistungsmotivation und Persönlichkeit zu:

1. hoch motiviert, fleißig und wirklich zuverlässig (L, P)
2. langjährige Erfahrung in Büroorganisation (K)
3. sehr gute PC-Kenntnisse (K)

Zwei Argumente betreffen klar die Kompetenz, eines die Leistungsmotivation und nur eines ein bisschen auch die Persönlichkeit.

Die Argumente sind mager (zu wenige) und vermitteln kein besonders vorteilhaftes Bild, denn wir haben ja vorne (s. S. 24) erfahren, dass im Vorstellungsgespräch ganz besonders der persönliche Eindruck, den man von der Wesensart des Bewerber erhält, jetzt um einiges wichtiger ist als Kompetenz und Leistungsmotivation.

Mit anderen Worten: Will Charlotte R. im Vorstellungsgespräch überzeugen, braucht sie deutlich mehr und auch bessere Argumente (Botschaften/Ich-Aussagen). Aus den Ihnen vorhin zur Verfügung gestellten Information, die viel eher für eine Entscheidung zugunsten von Charlotte R. sprächen, treffen Sie nun bitte eine Auswahl und schreiben diese hier auf:

____

____

____

____

____

____

____

____

____

_______________________________________ *

* Zur Auflösung: Gut wären fünf bis sieben Argumente, die Rangfolge entspricht genau der im Text angegebenen Reihenfolge bis auf den letzten Absatz. Ihr Alter, die erwachsenen Kinder und ihr arbeitender Mann sind keine besonders guten Argumente. Ausnahme: der mögliche Zuschuss des Arbeitsamtes aufgrund ihres Alters und der einjährigen Arbeitslosigkeit. Sehen Sie sich auch S. 44ff. an, Beispiel für Kommunikationsziel, Botschaften und Argumente.

2. Beispiel

Wenden wir uns einem anderen Beispielbewerber zu, einem Automobilverkäufer. Hier spontan aufgeführt die erste Liste seiner (immerhin!) zehn Argumente:

- *Ich besitze langjährige Erfahrung im Automobilverkaufsgeschäft.*
- *Ich habe spezielle Kenntnisse der neuen Modellreihe.*
- *Ich verfüge über eine gute Portion Ehrgeiz.*
- *Ich habe Überzeugungskraft.*
- *Ich komme gut an bei den meisten Kunden.*
- *Ich bin sehr flexibel, was die Arbeitszeit anbetrifft.*
- *Meine Umgangsformen sind gut.*
- *Ich bin hoch motiviert.*
- *Ich bin sehr kommunikativ.*
- *Ich mache gerne, was ich mache.*

Bringen wir diese Argumente noch etwas prägnanter auf den Punkt und in eine erste Rangfolge (Hauptargumente, Mittelfeld, Rest), könnte diese Liste bereits so aussehen:

Hauptargumente

1. *Ich verfüge über eine gute Überzeugungskraft, weil ich weiß, was ich verkaufe.*
2. *Ich besitze langjährige Erfahrung im Automobilverkaufsgeschäft.*
3. *Ich bin hoch motiviert, besitze eine gute Portion Ehrgeiz und arbeite gerne.*

Mittelfeld

4. *Ich habe spezielle Kenntnisse der neuen Modellreihe.*
5. *Ich bin ein sehr kommunikativer Mensch.*
6. *Die meisten Kunden fassen sehr schnell Vertrauen zu mir, mögen mich.*

Rest

7. *Meine Umgangsformen sind gut, ich weiß, worauf es ankommt.*
8. *Ich bin sehr flexibel und kompromissbereit, was die Arbeitszeit anbetrifft.*

Wir lernen: Der Kandidat hat schon einmal deutlich mehr Argumente als Charlotte R. aus dem ersten Beispiel. Gut so! Aus zehn Argumenten sind jetzt erst einmal acht geworden. Diese sind schon etwas prägnanter getextet. Seine Persönlichkeit betont unser Autoverkäufer zwar schon etwas stärker, im Vordergrund steht aber immer noch seine hohe Kompetenz. Mit dem Argument der Erfahrung (Kompetenz) werden jedoch wohl alle Bewerber versuchen, für sich Punkte zu sammeln. Bei aller Wichtigkeit von Können und Erfahrung – das hat ja bereits zur Auswahl und Einladung geführt –, jetzt sollten vor allem Persönlichkeit und Leistungsmotivation stärker im Vordergrund stehen (was man nicht so einfach mit: *»Ich bin ein liebenswerter Mensch und auch sehr fleißig!«* beschreiben kann).

Im nächsten Schritt (gleich hier unten) sehen Sie neben der neuen Rangfolge schon eine etwas andere Zusammenstellung. Die wichtigsten Argumente sind noch stärker konzentriert und die Aussagen sinnvoll verknüpft. Gleichzeitig erzielt unser Autoverkäufer eine beeindruckende Verdichtung (von acht auf sechs Hauptaussagen). Hinzu kommt die neue Drittelung in die Hauptargumente, das Mittelfeld mit immer noch zwei wichtigen Selbsteinschätzungen und den Rest mit nur einer, aber trotzdem doch sehr interessanten Aussage. Jetzt geht es um die Zuordnung der Weichensteller **K**, **L** und **P** (oder k, l, p bei geringerer Gewichtung) zu den vorgetragenen Argumenten:

Hauptargumente

1. *Ich verfüge über eine gute Überzeugungskraft, weil ich weiß und liebe, was ich verkaufe* **P, L, k**
2. *Ich bin hoch motiviert und besitze eine gute Portion Ehrgeiz* **L, L, p**
3. *Ich bin ein sehr kommunikativer Mensch, zu dem die allermeisten Kunden sehr schnell Vertrauen fassen, sich gerne beraten lassen und mich gut leiden mögen* **P, P, P, k**

Mittelfeld

4. *Ich besitze nicht nur langjährige Erfahrung im Automobilverkaufsgeschäft, sondern verfüge auch über spezielle Kenntnisse der neuen Modellreihe* **K, k**
5. *Meine Umgangsformen sind gut, denn ich weiß, worauf es im Geschäftsleben ankommt* **P, L**

Rest

6. *Ich bin sehr flexibel und auch kompromissbereit, was meine Arbeitszeiten anbetrifft* **L, P**

Persönlichkeit und Leistungsmotivation sind nun aufgrund der verbesserten Formulierung und Rangfolge der Argumente deutlich in ihrem Aussagewert gestärkt (nennen Sie es Verkaufsargumente oder -botschaften). Können Sie die Verbesserung, die Stärkung der Überzeugungskraft, die dieser Version zugrunde liegt, nachvollziehen? Aus den einfachen, ja schlichten zehn Selbstaussagen sind jetzt wirklich starke und überzeugende Verkaufsbotschaften (Argumente) geworden.

Beachten Sie bei der Verkaufsbotschaft:

1. Sammeln Sie möglichst viele Argumente.
2. Vernachlässigen Sie keinen der Bereiche K, L und P, am wichtigsten jedoch sind P und K.
3. Ihre Persönlichkeit (Wesensart) entscheidet im Zweifel immer darüber, ob Sie den Job bekommen.

WICHTIGER HINWEIS

Wenn man Ihnen aufgrund Ihres sympathischen Auftretens vertraut, traut man Ihnen die notwendige Leistung und Kompetenz auch zu!

Wenden Sie sich nun wieder Ihrer eigenen Argumentationsliste zu (Seite 37). Feilen Sie daran, nehmen Sie eventuell eine andere Gewichtung vor und überlegen Sie sich quantitative und qualitative Verbesserungen.

Damit Ihre Botschaften auch gut ankommen, müssen Sie diese unbedingt belegen können. Unser Automobilverkäufer z.B. sollte uns durch Berichte und Beispiele aus seiner Arbeitswelt überzeugendes Erzählmaterial liefern. Dazu mehr im nächsten Abschnitt.

Ihre Botschaft entwickeln und vermitteln

Im Vorstellungsgespräch wollen Sie Ihr Gegenüber von sich überzeugen. Aber wie gelingt das, wie genau gehen Sie vor, wenn Sie die Entscheidung anderer in Ihrem Sinne beeinflussen wollen? Aus der Welt der Werbung kennen wir eine besondere Vorgehensweise, die leicht modifiziert Ihr Bewerbungsvorhaben positiv unterstützen kann.

Drei aufeinander abgestimmte Schritte sind zu beachten, wenn das Vorstellungsgespräch zu Ihren Gunsten verlaufen soll:

1. Kommunikationsziel definieren
2. Botschaften formulieren
3. Argumente zusammenstellen

1. Was wollen Sie Ihrem Gegenüber, dem Personalauswähler mitteilen? Was ist Ihr Anliegen, Ihr Ziel?

Wir sprechen hierbei vom *Kommunikationsziel.* Dieses ist der wichtigste und schwierigste Baustein, der die längste Bearbeitungszeit in Anspruch nehmen wird.

2. Wie formulieren Sie aus den sorgfältigen Überlegungen zu Ihrem Kommunikationsziel verständliche, schnell begreifbare, überzeugende *Botschaften?*

Hier kommt es besonders auf Ihre Fähigkeit an, etwas auf den Punkt zu bringen.

3. Wie untermauern Sie Ihre sorgfältig ausgewählten und präzise formulierten Botschaften? Welche *Argumente* haben Sie, um die Glaubwürdigkeit und Überzeugungskraft Ihrer Botschaften ebenso zu stärken wie deren Erinnerungsgehalt?

1. Kommunikationsziel
Klären Sie zunächst die Frage, was Sie Ihrem potenziellen Arbeitgeber von sich vermitteln wollen.

Den meisten Bewerbern fällt spontan ein: »Ich will den Job.« Dieses Kommunikationsziel haben auch alle anderen Mitbewerber. Allein die Tatsache, dass Sie den angebotenen Job haben wollen, ist für die am Auswahlprozess Beteiligten kein Grund, sich für Ihre Person zu entscheiden.

Mit dieser Frage weiter beschäftigt, fällt vielen Bewerbern ein, sie seien der/die Beste für die zu besetzende Position und für die zu bewältigenden Aufgaben. Auch dies ist eine ziemlich schwache Argumentation, die von vielen Mitbewerbern genutzt wird.

Doch wie kann man es besser machen? Die Aufgabe ist nicht leicht. Folgende Fragen können Ihnen helfen:

- Was für ein Mensch bin ich?
- Welche besonderen Fähigkeiten habe ich?
- Was kann ich damit bewirken?

Im Grunde sind dies – in der Abfolge variiert – die bekannten Weichensteller Kompetenz, Leistungsmotivation, Persönlichkeit.

Ihr definiertes Kommunikationsziel könnte nach reiflicher Überlegung zum Beispiel so aussehen:

Mein Kommunikationsziel ist es,
meinen Zuhören und damit den Personalentscheidern zu vermitteln, dass ich ein Mensch bin, der über außergewöhnliche kommunikative Begabungen verfügt. Darunter ist zu verstehen: Ich bin sehr gut in der Kontaktaufnahme zu anderen, kann mich schnell und gewandt ausdrücken und ohne große Hemmungen mit jedem Menschen leicht ins Gespräch kommen. Andere vertrauen mir auffällig schnell. Ich wirke auf viele Personen ermutigend und bin ein sehr guter und aufmerksamer Zuhörer. Trotz meiner Freude an Unterhaltungen und auch an gezielten Gesprächen bin ich jemand, der sehr diskret sein kann und bei dem ein Geheimnis absolut sicher aufgehoben ist.

Auf den Punkt gebracht:
Ich bin ein kommunikativer, kontaktfreudiger, aber auch vertrauenswürdiger Mensch.

2. Botschaften

Jetzt zu Ihrer zweiten Aufgabe. Sie entwickeln aus Ihren Zielvorstellungen klare und schnell zu verstehende Botschaften. In unserem Beispiel wären das folgende:

Meine drei wichtigsten Botschaften lauten:

1. *Ich bin ein kommunikativ begabter Mensch, der mit anderen mühelos jederzeit ins Gespräch kommen kann.*
2. *Ich gewinne schnell das Vertrauen anderer Menschen.*
3. *Ich bin ein guter und aufmerksamer Zuhörer*

3. Argumente

Nun fehlt noch der dritte Schritt in dieser Vorbereitung, die wohlüberlegten Argumente. »Die Botschaft hör ich wohl, allein mir fehlt der Glaube«, lautet ein bekanntes Goethe-Zitat. Deshalb ist es beim dritten Schritt besonders wichtig, genau die Argumente zu finden, die Ihre Botschaften glaubwürdig untermauern.

Mit welcher Anekdote, durch welche Detailbeschreibungen kann ich meinem Gegenüber verdeutlichen, dass meine in den Botschaften enthaltenen Aussagen glaubwürdig sind? Welche Situationen oder Begebenheiten in Ihrem (Berufs-)Leben verdeutlichen, was Ihre Botschaften als Kurzformeln transportieren sollen? Wenn Sie hier den richtigen Erzählstoff beisammen haben, stehen Ihre Argumente und unterstreichen die Glaubwürdigkeit Ihrer ausgewählten Botschaften.

Kommunikationsziel, Botschaften und Argumentation ergeben in einem idealen Dreiklang die Entscheidungsgrundlage, auf der sich ein Arbeitsplatzanbieter für Sie als den richtigen Kandidaten entscheiden kann.

1. Bcispiel

Sie erinnern sich an Charlotte R., unsere 50-jährige Bürofachkraft. Sie hat sich als Kommunikationsziel und daraus für ihre Gesprächspartner an Botschaften und Argumente Folgendes erarbeitet:

Kommunikationsziel

Ich will mein Gegenüber davon überzeugen, dass ich eine besonders verantwortungsbewusste, aber auch sehr selbstständig arbeitende Fachkraft bin, die über gute organisatorische und kommunikative Fähigkeiten verfügt und flexibel und preiswert ist.

Botschaften

1. *Ich biete Ihnen ein stark ausgeprägtes eigenverantwortliches und sehr selbstständiges Arbeiten und Handeln.*
2. *Ich verfüge über ein großes Kommunikations- und Organisationstalent.*
3. *Ich besitze eine sehr schnelle Auffassungsgabe und kann verantwortungsbewusst auch schnelle und mutige Entscheidungen treffen.*
4. *Ich bin in jeder Hinsicht flexibel, habe fundierte Branchenerfahrungen und Buchhaltungskenntnisse und mein Arbeitgeber kann für mich von der Arbeitsagentur Fördermittel beantragen.*

Argumentation

Hier folgen nun zu den vier Hauptaussagen Berichte, Erlebnisse und kleine Geschichten, »Beweise« also, die verdeutlichen, dass diese Botschaften nicht nur dahergesagt sind, sondern der Realität entsprechen.

Zu Botschaft 1: *Für meinen vorherigen Chef habe ich als einzige Sekretärin im Büro folgende Aufgaben übernommen und selbstverantwortlich durchgeführt (jetzt kommen die konkreten Arbeitsbereiche und Beispiele). Früher waren wir zu zweit, nach drei Jahren ging meine Kollegin, und ich habe ab 1998 das Büro allein geführt.*

Zu Botschaft 2: *Ich habe am Telefon mit Kunden und unseren Gesellen alle Probleme (wieder Beispiele) meistens als Erste verhandelt. Dabei ging es um Termine, aber auch um Probleme mit Kunden wie ..., wo ich ausgleichend und Frieden stiftend, manchmal aber auch mit Nachdruck die Interessen aller möglichst unter einen Hut bekommen musste ...*

Zu Botschaft 3: *In schwierigen Situationen musste oft schnell eine Entscheidung getroffen werden. Da war keine Zeit zu diskutieren. Das habe ich häufig ohne jede Absprache mit meinem Chef gemacht, und er war in den meisten Fällen sehr einverstanden. Sie können ihn gern dazu selbst befragen. Und Sie finden auch etwas dazu in meinem Arbeitszeugnis …*

Zu Botschaft 4: *Ich bin, was die Arbeitszeit anbetrifft, flexibel, könnte mir also auch eine Vier-Tage-Woche vorstellen und nur bei Bedarf mehr. Zusätzlich kann ich anbieten, die Buchhaltung mit zu machen, gerne auch ganz zu übernehmen. Und ich bin bedingt durch einen Zuschuss, den Sie vom Arbeitsamt bekommen können, eine preiswerte Arbeitskraft …*

2. Beispiel

Sie erinnern sich an den von uns favorisierten Kandidaten C. (s. S. 16), einen Koch, der mit der Eingangsfrage »Stellen Sie uns Ihren Werdegang vor« konfrontiert wurde. Hier nun sein Kommunikationsziel, die daraus entwickelten Botschaften und ein Hinweis auf einige Argumente:

Kommunikationsziel

Ich will andere davon überzeugen, dass ich über eine gute Portion Ehrgeiz verfüge, lernbegierig bin und Spaß daran habe, mehr Verantwortung zu übernehmen. Ich übernehme gerne eine leitende Rolle und engagiere mich, nicht nur in der Nachwuchsförderung.

Botschaften

1. *Ich habe mich sehr gezielt beruflich weiterentwickelt durch gute Vorbilder, die ich mir selbst ausgesucht habe und von denen ich viel lernen konnte.*
2. *Ich habe unter Beweis gestellt, dass ich die mir übertragene Verantwortung erfolgreich zu nutzen weiß und die in mich gesetzten Erwartungen sogar übertroffen habe.*
3. *Ich verfüge neben dem Ehrgeiz zu besondern Leistungen auch über eine Freude, mein Wissen weiterzugeben, und habe hierin gute Erfolge vorzuweisen.*

Argumentation

Die Argumentation kennen Sie bereits (s. S. 16*): ... Vor etwa drei Jahren habe ich in diesem Betrieb angefangen ... Hier konnte ich echt noch etwas lernen, mich beweisen ... Der Meister hat mir schnell sehr viel Verantwortung übertragen und mir viel Entscheidungsspielraum gelassen. So etwas weiß ich zu schätzen, und das war für mich Ansporn und Verpflichtung zu besonderen Leistungen. In der Ausbildung der Lehrlinge bin ich jetzt seit etwa einem Jahr engagiert. Meine eigene Ausbildung: nach Abschluss der Realschule habe ich drei Jahre in einem kleinen Familienbetrieb gelernt und bin dann 1997 zu einem Großunternehmen gewechselt, um auch einmal diese Betriebform kennenzulernen.*

3. Beispiel

Ein 45-jähriger Vertriebsleiter hat folgendes Kommunikationsziel und daraus abgeleitet diese Botschaften und Argumente für sich und seine Gesprächspartner:

Kommunikationsziel

Ich kann gezielt Einfluss auf meine Mitmenschen ausüben und Projekte initiieren sowie Dinge bewegen. Ich bin in der Lage, wichtige Ziele auszuwählen und sie auch erfolgreich zu realisieren. Das habe ich in der jüngsten Vergangenheit erfolgreich unter Beweis gestellt. Vom Handwerker bis zum Vorstandsvorsitzenden, ich komme mit allen gut aus – und ins Geschäft kommen, auf allen Ebenen, in drei Sprachen. Bei allen bin ich gut angesehen, weil ich direkt und offen bin und dadurch berechenbar und zuverlässig.

Botschaften

1. *Ich beherrsche mein Metier: Mein Werkzeug sind die Menschen, meine Mitarbeiter und meine Kunden. Ich habe »ein Händchen für Menschen«.*
2. *Ich kann etwas bewegen, kann andere begeistern und Kunden wie Mitarbeiter erfolgreich an mich binden. Ich bin außerordentlich beziehungsstark.*

3. *Ich stehe für Orientierung und für Machbarkeit. Meine besonderen Merkmale: Ausdauer, Frustrationstoleranz, Optimismus ohne Blauäugigkeit, positiv denkend.*
4. *Ich bin direkt und deshalb auch nicht immer bequem, aber ehrlich, manchmal vielleicht sogar etwas zu undiplomatisch, ungeduldig, aber berechenbar, insgesamt aber verlässlich und loyal.*

Argumentation

Auch hier folgen nun zu allen vier Botschaften Situationsbeschreibungen, Erlebnisse und Geschichten, die die Behauptungen untermauern.

Gut zu wissen – aus Notwehr ein Recht auf Lüge zu haben

So wie der Gesetzgeber den Begriff Notwehr kennt, existiert für das Bundesarbeitsgericht der Sachverhalt der Notlüge. Darunter ist zu verstehen, dass bestimmte Fragen im Vorstellungsgespräch, z. B. nach der Zugehörigkeit zu einer politischen Partei, nicht wahrheitsgemäß beantwortet werden müssen, wenn der Bewerber davon ausgehen muss, dass von einer bestimmten Antworttendenz die Vergabe des Arbeitsplatzes abhängen könnte.

Vorausgeschickt werden muss: Bestimmte Fragen und Themen dürfen im Bewerbungsverfahren gar nicht erst behandelt werden. Es sind nur solche Fragen erlaubt, die »arbeitsbezogen« sind, d. h. die mit dem zu besetzenden Arbeitsplatz in direktem Zusammenhang stehen.

In der Alltagsbewerbungssituation stellt jedoch nahezu jeder Arbeitgeber unzulässige Fragen an die Bewerber. Wohnsituation, Privatbeziehungen, Heiratsabsichten, Familienplanung, Gesundheitszustand, frühere Erkrankungen: Durch seinen Eingriff in die per Grundgesetz geschützte Privatsphäre des Arbeitssuchenden löst er bei diesem einen nicht zu unterschätzenden Gewissenskonflikt aus, dem mit dem Notwehrrecht auf Lüge Rechnung getragen wird.

Unzulässig ist die Ausforschung der politischen Meinung ebenso wie Fragen nach (auch früherem!) gewerkschaftlichem Engagement oder Privatplänen in puncto Heiraten, Familienplanung, Freizeitgestaltung und Hobbys. Frühere Krankheiten und die Frage nach einer Schwangerschaft sind genauso tabu wie die Frage nach den Berufen von Lebenspartnern (oder anderen Personen, z.B. Eltern, Geschwistern) sowie nach den privaten Vermögensverhältnissen (evtl. Schulden).

Verboten sind außerdem Fragen nach Vorstrafen oder Fragen nach laufenden Ermittlungsverfahren, unzulässig ist auch das Verlangen, ein polizeiliches Führungszeugnis vorzulegen.

Unzulässig ist auch die Frage nach der früheren Arbeitsvergütung! Diese dient eventuell dazu, Lohnansprüche des Bewerbers zu dämpfen. Zulässig ist diese Frage jedoch dann, wenn sich daraus für die konkret in Aussicht genommene Tätigkeit Folgerungen ziehen lassen, z.B. wenn die Höhe der Vergütung Rückschlüsse auf die mit der früheren Tätigkeit verbundene Verantwortung ermöglicht und die in Aussicht genommene Position ebenfalls besonders verantwortliche Aufgaben mit sich bringt.

Als Konsequenz des eingeschränkten Fragerechts des Arbeitgebers hat es für die Wirksamkeit des Arbeitsvertrages keine nachteiligen Folgen, wenn der Bewerber eine unzulässige Frage falsch beantwortet.

Übersicht: Ohne ausdrückliche Einwilligung des Bewerbers sind unzulässig

- medizinische Untersuchungen
- psychologische Tests
- grafologische Gutachten
- Sicherheitsüberprüfungen sowie die Genomanalyse

Bewerber dürfen persönliche Umstände verheimlichen oder auf entsprechende Fragen konsequent lügen. Und mehr noch: Allzu neugierige Arbeitgeber müssen Schadenersatz fürchten. Nachdem die Materie vor deutschen Arbeitsgerichten jahrzehntelang auf Sparflamme köchelte, machte der Europäische Gerichtshof (EuGH) in Luxemburg Dampf. Ansatzpunkt ist die Gleichberechtigung der Geschlechter und die als Tabuzone geschützte Intim- und Privatsphäre.

Es gibt jedoch auch Ausnahmen: Wenn z.B. jemand für die katholische Kirche arbeiten will, ist die Frage des Arbeitgebers Kirche nach der Religionszugehörigkeit des Bewerbers durchaus zulässig. Ebenfalls einsichtig ist die Frage nach früheren Krankheiten bei Piloten oder Zugführern.

Wichtig: Bedenken und beurteilen Sie, ob Sie wirklich bei einem Arbeitgeber arbeiten möchten, der Sie äußerst indiskret ausfragt. Sind Sie bereit, bei jemandem tätig werden, der Sie beim ersten Kennenlernen zwingt, aus Selbstschutz zu einer Notlüge zu greifen? Auch wenn Sie das Recht auf eine Notlüge haben, seien Sie sich der Konsequenzen für Ihr Arbeitsleben bewusst.

Das Vorstellungsgespräch

Bevor wir uns dem umfangreichen Fragenrepertoire und dem Gesprächsablauf widmen, einige wichtige Informationen vorab.

Je nach Ausbildung, Branche und Arbeitsbereich werden Sie auf sehr unterschiedliche Personen treffen, die Sie befragen. Sicher interviewt Sie ein Kioskbesitzer, der Sie als Verkäuferin einstellen möchte, anders als der Personaler eines internationalen Immobilienunternehmens, für das Sie der gehobenen Kundschaft Gebäude im Wert von über 1 Million Euro verkaufen sollen. Auch der Chefarzt eines Uni-Krankenhauses wird sich in seinen Fragen vom Geschäftsführer eines mittelständischen Unternehmens mit 250 Mitarbeitern deutlich unterscheiden – nicht nur, was den Inhalt der Fragen angeht.

Die »einfachen« Interviews

Etwa 30 bis 40 Prozent aller Vorstellungsgespräche verlaufen nicht wirklich professionell. Das heißt, Fragestil und -themen sind ziemlich einfach und harmlos. Hier redet und erzählt Ihr Gegenüber auffällig viel selbst (etwa 50 bis 90 Prozent der zur Verfügung stehenden Zeit), stellt Ihnen nur wenige und eher leicht zu beantwortende Fragen. Einziges Problem: Sie kommen gar nicht oder nur kurz dazu, sich selbst angemessen vor- und darzustellen, und kämpfen immer darum, Ihrem Gegenüber möglichst nicht ins Wort zu fallen. Diese leider notwendige Zurückhaltung Ihrerseits ist eine nicht zu unterschätzende Herausforderung, die Sie diszipliniert bewältigen müssen. Hören Sie interessiert zu, nicken Sie immer wieder verständnisvoll mit dem Kopf…

Die Hauptfragen (s. S. 14) sind in diesem Fall leicht modifiziert:

1. Erzählen Sie mal Ihren Werdegang.
2. Wie kam es zur Bewerbung für diese Aufgabe/Position bei uns?
3. Warum sind Sie der/die richtige Kandidat/in?
4. Was erwarten Sie für sich/von uns/dem Job?

5. Was sind Ihre Stärken/Schwächen?
6. Worauf sind Sie stolz, was sind Ihre Erfolge/Misserfolge?
7. Was genau haben Sie bei dieser und jener Firma gemacht bzw. nicht gemacht und warum?
8. Warum haben Sie diese und jene Firma verlassen, den Job gewechselt?
9. Und die Frage: Haben Sie noch Fragen ?

Die »normalen« Interviews

Ungefähr 40 bis 60 Prozent aller Vorstellungsgespräche werden schon recht professionell geführt. Sie bekommen einen großen Teil der Ihnen hier gleich vorgestellten Fragen gestellt, Ihnen wird auch entsprechend viel Redezeit zugestanden. Der Sie interviewende Gesprächspartner spricht dabei selbst höchstens 30 bis 40 Prozent der Zeit (also schon deutlich weniger als Sie). Das bietet ausreichend Gelegenheit, ausführlich auf all seine Fragen zu antworten. Dabei werden Sie gelegentlich immer wieder einmal hinterfragt. Bei guter Vorbereitung stellt das eine gut zu bewältigende Herausforderung für Sie dar.

Die absolut professionellen Interviews

Bei etwa 10 bis 20 Prozent aller Gespräche haben Sie einen sehr professionellen Interviewpartner vor sich, der auf Auswahlgespräche bestens ausgebildet und vorbereitet ist. Er stellt Ihnen gezielt eine Frage nach der anderen und nimmt sich viel Zeit, um Ihnen sehr aufmerksam zuzuhören. Bei Ihren Antworten wird er recht oft nachhaken, denn er gibt sich nicht mit einfachen, kurzen Antworten zufrieden, sondern erwartet von Ihnen ausführliche Beschreibungen und Stellungnahmen. Hier liegt der Gesprächsanteil Ihres Interviewers nur bei 10 bis 20 Prozent. Die Fragen finden Sie ebenfalls im nun folgenden Vorstellungsgesprächsteil, die Form der Abfrage wird zutreffend ab Seite 110ff. beschrieben.

Fragenrepertoire und Gesprächsablauf

Die entscheidenden drei Hauptfragen im Vorstellungsgespräch lauten:

1. Wir möchten Sie kennenlernen, erzählen Sie uns etwas über sich.
2. Warum bewerben Sie sich, und warum bei uns?
3. Warum sind Sie der richtige neue Mitarbeiter für uns?

Allein die zweite und die dritte Frage beinhalten im Grunde bereits alle anderen. Die umfangreichste Frage ist jedoch die freundlich klingende Aufforderung, etwas über sich zu erzählen. Wer hier aus Verlegenheit stammelt und nicht konkret zum Punkt kommt, vergibt wunderbare Chancen. Zunächst kommen wir aber zu den typischen Phasen und Themen im Bewerbungsinterview.

Übersicht: Die zehn Phasen und Themen im Vorstellungsgespräch

1. Begrüßung und Einleitung des Gesprächs
2. Motive der Bewerbung und Leistungsmotivation
3. Ausbildung und beruflicher Werdegang
4. Persönlicher, familiärer und sozialer Hintergrund
5. Gesundheit
6. Berufliche Kompetenz und Eignung
7. Informationen für den Bewerber
8. Arbeitskonditionen
9. Fragen des Bewerbers
10. Abschluss des Gesprächs und Verabschiedung

Abgesehen von der Begrüßungs- und Verabschiedungsphase kann die Reihenfolge selbstverständlich variieren. Auch müssen nicht gleich beim ersten Vorstellungsgespräch alle Themen ausführlich behandelt werden (z.B. Arbeitskonditionen). Diese Übersicht gibt Ihnen jedoch einen Eindruck, was insgesamt auf Sie zukommen kann.

Wichtig: Die obige Liste kann in ihrer Abfolge stark von Ihnen beeinflusst werden: Von Ihren Angaben in Bewerbungsanschreiben, Lebenslauf und Anlagen (z.B. Arbeitszeugnissen) sowie der Art und Weise, wie Sie antworten, wie glaubwürdig und schlüssig Sie etwas mitteilen, hängt der weitere Verlauf des Gesprächs ab.

Nach diesem Überblick möchten wir Ihnen die zehn Phasen des Vorstellungsgesprächs detailliert vorstellen und erläutern. Dazu haben wir das folgende Schema gewählt:

- Frage(n), die an Sie gerichtet werden
- Hintergrund dieser Fragen
- Hinweise für eine optimale Beantwortung

Gelegentlich haben wir auch typische ungeschickte Antworten besseren gegenübergestellt, um so noch plastischer zu verdeutlichen, worauf es ankommt.

Die nachfolgenden Abschnitte dieses Buches informieren Sie umfassend darüber, welches Fragenrepertoire Personalentscheider heutzutage nutzen und welche Fragen im Einzelnen zu den oben genannten Themen auf Sie zukommen können.

Sehr wichtig ist es uns, Sie mit dem eigentlichen Hintergrund der einzelnen Fragen vertraut zu machen, der sich – insbesondere in der Stresssituation Vorstellungsgespräch – nicht auf den ersten Blick erschließt.

So klingt z. B. die aufmunternde Aufforderung »Erzählen Sie doch mal etwas über sich« wie eine Einladung zum harmlos-lockeren Partygeplauder. In Wirklichkeit steckt dahinter ein komplexer Persönlichkeitstest, der Wunsch, Ihre Seelenlandschaft auszuforschen.

Unsere Hinweise sind keine Antwortvorgaben oder gar konkrete Formulierungsvorschläge. Sie sollen Chancen und Gefahren einzelner Möglichkeiten verdeutlichen. Sie können Ihr Bemühen, zu jeder Frage jeweils Ihre ganz persönliche Strategie zu entwickeln, nicht ersetzen.

Für die nun vorgestellten rund 150 Fragen gilt: Nicht alle können Ihnen in einem ersten Gespräch gestellt werden. Rechnen Sie mit einer Auswahl von etwa zehn bis zwanzig Fragen. Sie wissen aber nach dem Studium unseres umfassenden Fragenkatalogs, was auf Sie zukommen kann, und können sich entsprechend vorbereiten. Böse Überraschungen sind somit praktisch ausgeschlossen, Angst und Aufregung wirksam reduziert.

1. Begrüßung und Einleitung des Gesprächs

Begrüßung, Händedruck, Vorstellung

Ihr Auftritt. Der berühmte erste Eindruck, wechselseitig. Versuchen Sie, gelassen zu wirken und einigermaßen selbstsicher zu erscheinen. Vermeiden Sie es, abgehetzt, angespannt und nervös aufzutreten. Lächeln Sie Ihr Gegenüber freundlich an, schauen Sie Ihrem Gegenüber in die Augen. Stellen Sie sich, falls Ihr Name noch nicht gefallen ist, deutlich, aber in angemessener Lautstärke vor. Merken Sie sich die Namen Ihres oder (das ist schon schwerer) Ihrer Gesprächspartner. So können Sie Ihr Gegenüber namentlich ansprechen. Auch für spätere Nachfassaktionen (s. S. 139) sollten Sie wissen, mit wem Sie gesprochen haben. Schauen Sie sich ruhig ein bisschen um. Enthalten Sie sich jedoch jeder Kommentierung oder Frage (»Was für ein herrlicher Kandinsky!«/»Ist der Perser echt?«/»Das sind wohl Ihre Frau und Kinder da auf dem Foto?«).

Hintergrund: Es geht in dieser allerersten Phase um die direkte persönliche Kontaktaufnahme, um Ihr Äußeres, Ihr Auftreten und Ihre Umgangsformen.

Kommen Sie pünktlich oder auf die letzte Minute? Wirken Sie gehetzt, ängstlich-nervös oder ruhig, natürlich und gelassen – ohne übertriebene Selbstsicherheit oder Arroganz? Sind Sie anpassungsfähig – vor allem aber: Machen Sie einen sympathischen (ersten) Eindruck?

Hinweise: Die bereits beschriebenen generellen Hintergrundaspekte des Vorstellungsgesprächs spielen von den ersten Sekunden an eine wichtige Rolle. Wer dem Gesprächspartner – ob Personalchef oder Firmeninhaber – unpünktlich, abgehetzt und verschwitzt gegenübertritt oder wie unter Tranquilizern stehend unterkühlt bis gelangweilt wirkt, vielleicht sogar genervt reagiert, weil er/sie 20 Minuten warten musste, reagiert auf die Eröffnung der Schachpartie Vorstellungsgespräch nicht optimal (vorsichtig formuliert).

Small Talk

- Wir danken Ihnen für Ihr Kommen...
- Haben Sie gut hergefunden?
- Was für ein schöner Tag.
- Was für schlechtes Wetter.

Hintergrund: Ihre Gesprächspartner wollen Sie und sich selbst in einer ersten sogenannten »Warming-up«-Phase einstimmen, eine freundliche Gesprächsatmosphäre herstellen und Ihre eventuelle Verkrampfung (Prüfungsangst) abbauen helfen.
Hinweise: Das ist zunächst alles ganz nett, sollte Sie aber nicht dazu verführen, zu ausführlich auf die angebotenen Themen einzugehen (Wetter, Parkplatzsuche, evtl. Anreise, Unterkunft usw.). Wer sich hier beklagt, dass das Hotelbett nicht seinen Erwartungen entsprach, dass er keinen Parkplatz gefunden hat, dass das Wetter ja jedes Mal so schlecht ist, wenn er zu Bewerbungsgesprächen anreisen muss, könnte gleich seine Sachen packen und gehen.

Nörgler und Pessimisten entsprechen nicht den Erwartungen des Personalentscheiders an die Charaktermerkmale zukünftiger Mitarbeiter. Gehen Sie lieber diplomatisch und angemessen auf das Small-Talk-Angebot ein.

Schlechte Antwort: *Nun (das aufgreifend, was als Small Talk angeboten wird) lassen Sie uns aber bitte schnellstmöglich zur Sache kommen ... Sie haben doch sicherlich wenig Zeit ...*
Bessere Antwort: *Danke für die Nachfrage (oder was immer zum Small Talk passt.) Ich bin ..., freue mich heute hier bei Ihnen zu sein und bin auch schon ziemlich gespannt auf unser Gespräch ...*

TIPP

Bedanken Sie sich für die Einladung, bringen Sie zum Ausdruck, wie gerne Sie heute hier sind und dass Sie diese Begegnung zu schätzen wissen. Vielleicht gelingt es Ihnen sogar, ein kleines Kompliment anzubringen (gute Organisation, schöne Räumlichkeiten etc.)

Bisweilen wird Ihnen etwas angeboten: Kaffee, andere Getränke (Säfte, Mineralwasser), etwas zu rauchen, möglicherweise sogar Alkoholisches. Letzteres ist ohne Zögern klar abzulehnen. Aber auch das Rauchen ist problematisch, vor allem, wenn Ihr Gegenüber selbst keine Zigarette in den Händen hält. Besser also auch hier: Sie lehnen dankend ab.

Gibt es eine Kaffeerunde oder wird Mineralwasser bzw. Saft angeboten, sollten Sie sich nicht ausschließen. Falls Sie einen Getränkewunsch äußern dürfen, machen Sie es nicht kompliziert, bringen Sie niemanden in Verlegenheit, vor allem nicht sich selbst. Nicht jedes Büro hat Tomatensaft mit Salz, Pfeffer und kleinen Eisstückchen vorrätig.

Warten Sie einen günstigen Moment ab, um geschickt herauszufinden (falls Sie es noch nicht wissen), wie viel Zeit für Ihr Gespräch vorgesehen ist. Diese wichtige Information dient Ihnen dazu, Ausführlichkeit und Länge Ihrer Antworten dem vorgegebenen Zeitrahmen anzupassen. Weniger als eine halbe Stunde Gesprächszeit wäre enttäuschend, dagegen mehrere Stunden schon etwas außergewöhnlich für die erste Begegnung.

Bereits in dieser »Warming-up«-Phase kommt es vor, dass Ihr Gegenüber über die Firma/Institution, die Produkte/Dienstleistungen und deren Bedeutung referiert (und dementsprechend die Gesprächsphase 7 vorzieht). Hören Sie interessiert zu, hier erfolgt eine Arbeitgeber-Selbstdarstellung, die Sie durch erhöhte und demonstrative Aufmerksamkeit wertschätzen sollten. Möglicherweise erfahren Sie Dinge, die im späteren Gesprächsverlauf erneut Thema werden (z.B. dann, wenn man offen erzählt, wie man sich seinen »Traumkandidaten« für diesen Arbeitsplatz vorstellt).

2. Bewerbungsmotive und Leistungsmotivation

Motive der Bewerbung

- Wie ist es eigentlich zu Ihrer Bewerbung als … bei unserem Unternehmen/unserer Institution gekommen?
- Was reizt Sie an dieser Aufgabe/Position?

- Warum wollen Sie gerade bei uns, in unserem Unternehmen/unserer Institution arbeiten?
- Wie gut kennen Sie unsere Produkte/Dienstleistungen etc.?

Hintergrund: Alle Fragen dienen dazu, Ihre Motivation und Ihr Interesse zu überprüfen. Wie fundiert ist beides? Was bewegt Sie wirklich? Aus welcher Situation heraus bewerben Sie sich? Ist dieser Arbeitsplatz (das Unternehmen/die Aufgabe) erste Wahl oder nur Kompromiss- bzw. Notlösung?

Wie sind Image und Stellenwert des potenziellen Arbeitgebers bei Ihnen gewichtet? Wissen Sie den eventuellen neuen Arbeitgeber zu schätzen?

Hinweise: Auf diese Standardfragen müssen Sie gut vorbereitet sein, wenigstens fünf Minuten flüssig sprechen können. Es handelt sich hierbei um die wichtigsten, entscheidendsten Fragen und Themen im ganzen Gespräch! Dabei darf der Unterhaltungs- und Spannungswert auf keinen Fall zu kurz kommen, langweilen Sie nicht!

- Warum haben Sie vor, den Arbeitsplatz zu wechseln?
- Weshalb wollen Sie Ihre jetzige Tätigkeit/Position aufgeben?
- Warum haben Sie in Ihrer jetzigen Firma/Institution keine Aufstiegschancen?
- Was sind die Gründe für Ihre Unzufriedenheit?

Hintergrund: Es geht weiter um die Motive Ihrer Bewerbung. Man will Ihre Ausgangs- und Hintergrundsituation ausleuchten. Sind Sie in einer beruflichen oder persönlichen Drucksituation, und wenn ja, warum? Wie hoch ist der Grad Ihrer Unzufriedenheit, und wodurch ist diese bedingt?

Hinweise: Wie begründen Sie den Wunsch nach einem Arbeitsplatzwechsel oder einem Neu- bzw. Wiedereinstieg? Hier muss Ihnen eine plausible, überzeugende Argumentation gelingen. Verlieren Sie sich nicht in Details, beklagen Sie sich auf keinen Fall über Ihren jetzigen bzw. über frühere Arbeitgeber, Vorgesetzte oder über Ihre Aufgabenbereiche.

Gern wird gehört: Man will vorankommen, die neue Aufgabe wird als Herausforderung betrachtet, ist reizvoll, man möchte es sich und anderen beweisen.

Schlechte Antwort: *Wissen Sie, ich denke, das kann so nicht mehr weitergehen (und dann folgen peinliche Details aus dem aktuellen Arbeitsleben), und deshalb muss ich jetzt mal wechseln, hab ich mir so gedacht ...*
Bessere Antwort: *Wissen Sie, es gibt verschiedene Gründe, die mich jetzt dazu bewogen haben, mich einmal auf dem Arbeitsmark umzuschauen, und da hat mich Ihr Angebot einfach neugierig gemacht. Und nach meiner Recherche sind Sie ja ein ganz besonderes Unternehmen ...*

- Was reizt Sie an der neuen Aufgabe?
- Was erwarten Sie speziell von uns, was erhoffen Sie sich?

Hintergrund: Weiterhin will man Ihre Motivation überprüfen. Wie gut sind Sie vorbereitet, wie realistisch sind Ihre Einschätzungen?
Hinweise: Wieder müssen Sie überzeugend argumentieren, Geduld zeigen, variantenreich argumentieren und sich nicht in Widersprüche oder Wiederholungen verstricken. Sind die von Ihnen angeführten Bewerbungsgründe nachvollziehbar? Machen Sie deutlich, dass Sie sich auf die beruflichen Aufgaben und den potenziellen Arbeitgeber gut vorbereitet haben.

Gern gehört sind Stichworte wie »Zukunftschancen« und »Image der Firma« – aber vermeiden Sie plumpe Schmeicheleien.

- Üben Sie Ihre jetzige berufliche Tätigkeit gerne aus?
- Was hat Ihnen bisher an Ihrer Aufgabe/Position gefallen, was missfallen, und warum?
- Was, glauben Sie, ist bei uns anders?

Hintergrund: ... ist die Sorge, dass Sie Ihre eventuell bestehende Unzufriedenheit quasi als »chronische Erkrankung« mit an den neuen Arbeitsplatz bringen und dass somit nicht objektive, sondern negativ-subjektive Gründe den gewünschten Wechsel bedingen.
Hinweise: Selbstverständlich üben Sie Ihre jetzige berufliche Tätigkeit gerne aus, identifizieren sich mit Ihrem Beruf. Einerseits möchte man Sie (ab-)werben, andererseits hat man Angst, dass sich hinter Ihrer Wechselbereitschaft unangenehme Überraschungen auch für den potenziellen neuen Arbeitgeber verbergen. Der Arbeitgeber möchte ausschließen, sich durch Sie ein »Kuckucksei« ins Nest zu holen.

Schildern Sie Ihre jetzigen Aufgaben zu negativ, wird man an Ihnen zweifeln, bei zu positiver Darstellung wirkt Ihr Wunsch nach einem Arbeitsplatzwechsel unglaubwürdig. Ein Ausweg aus diesem Dilemma ist die plausible Darstellung, worin die Verbesserung durch den Wechsel oder Neustart/Wiedereinstieg für Sie besteht.

- Woher ist Ihnen unser(e) Unternehmen/Institution bekannt?
- Wie gut kennen Sie uns bereits, unsere ... (z. B. Produktion/Marktposition/Dienstleistungen usw.)?
- Wie stellen Sie sich Ihre Tätigkeit bei uns vor?

Hintergrund: Die Fragen zur Überprüfung der Qualität Ihrer Vorbereitung auf das Vorstellungsgespräch werden konkreter und detaillierter. Wie überzeugend präsentieren Sie sich, und wie ziehen Sie sich auch bei unangenehmen Fragen aus der Affäre?
Hinweise: Bei guter Vorbereitung haben Sie einiges über das Unternehmen/die Institution in Erfahrung gebracht und machen jetzt bei den Fragen zu diesem Punkt einen kompetenten Eindruck. Das darf Sie aber nicht dazu verleiten, sich bei der Frage, wie Sie sich die Tätigkeit beim neuen Arbeitgeber vorstellen, zu sehr zu exponieren. Es ist Sache Ihres Gesprächspartners, Ihnen eine Arbeitsplatzbeschreibung zu geben. Es besteht leicht die Gefahr, dass Sie sich »vergaloppieren« und als Besser- oder Alleswisser unangenehm auffallen.

- Haben Sie einen besonderen persönlichen Bezug zu unserem Unternehmen?
- Kennen Sie Mitarbeiter aus unserem Haus?
- Was haben diese Ihnen über uns erzählt?

Hintergrund: Welche Wertschätzung bringen Sie Ihrem potenziellen Arbeitgeber entgegen? Woher beziehen Sie Ihre Informationen? Wissen Sie, was man wie sagt und was man lieber für sich behält?
Hinweise: Ein persönlicher Bezug zum Unternehmen kann von Vorteil sein. Wenn Sie sich auf diese Frage vorbereitet haben und die Auskunft glaubwürdig klingt, sammeln Sie Pluspunkte. Lassen Sie sich nicht dazu verleiten, eventuelle Kenntnisse aus der internen Firmen-Gerüchteküche auszuplaudern. Wenn Sie angeben möchten, jeman-

den aus dem Unternehmen zu kennen, sollten Sie einschätzen können, wie deren/dessen Position und Ansehen ist.

- Haben Sie zurzeit noch andere Bewerbungsverfahren laufen?
- Gibt es schon konkrete Verhandlungen bzw. Ergebnisse?

Hintergrund: Wieder geht es um die Motivation, die Ernsthaftigkeit Ihres Wechselwunsches, die Frage, wie viel Druck hinter diesem Anliegen steckt. Aber auch die besondere Wertschätzung gegenüber dem speziellen potenziellen Arbeitgeber soll mit diesen Fragen erforscht werden. Ist diese Firma/Institution erste Wahl, oder rangiert sie unter »ferner liefen«? Setzen Sie alles auf eine Karte, oder haben Sie – aus welchem Druck und Antrieb auch immer – eine Vielzahl von Bewerbungsschreiben »ausgestreut«?
Hinweise: Wie hoch ist Ihre Identifikation mit dem jetzt gerade ablaufenden Bewerbungsverfahren? Also: Kein Wort über eventuelle Absagen und Fehlschläge und besser nichts über parallele Verhandlungen, es sei denn, Sie haben ein ganz konkretes Angebot, das für Sie ernsthaft in Betracht kommt. Gefahr: Sie wirken unglaubwürdig bis erpresserisch und vertun Ihre Chancen.

- Was bewog Sie damals – im Jahre 200X und dann 200Y – den Arbeitsplatz zu wechseln?

Hintergrund: Wechseln bzw. wechselten Sie im Frieden oder Unfrieden? Gibt es sich wiederholende Motive, die Sie zum Arbeitsplatzwechsel veranlassen? Spielen dabei in Ihrer Person begründete Probleme eine Rolle (vor denen man sich aus Arbeitgebersicht bewahren möchte)?
Hinweise: Seien Sie darauf vorbereitet, (auch frühere) Arbeitsplatzwechsel plausibel darstellen zu können. Schuldzuweisungen kommen schlecht an, diese addieren sich auf dem Negativkonto der Person, die sie ausspricht.
Schlechte Antwort: *Das liegt ja schon lange zurück, da kann ich mich nicht mehr erinnern, dazu will ich hier nichts sagen, ja, da gab es Schwierigkeiten …*
Bessere Antwort: *Nun, ich bekam damals einen Tipp, ich solle mich doch mal dort vorstellen … und die waren sehr interessiert an mir, machten mir ein wirklich faires Angebot …*

Leistungsmotivation

- Was hat für Sie Priorität bei Ihrer Arbeit?
- Wie stellen Sie sich im Idealfall Ihre Arbeit, Ihre Aufgaben vor?
- Was sind – aus Ihrer Sicht – die Vor- und Nachteile der von uns angebotenen Position, und wie wollen Sie damit umgehen?

Hintergrund: Wie intensiv haben Sie diese Themen bereits durchdacht? Wie realistisch sind Ihre Einschätzungen? Was für eine »Arbeits-Persönlichkeit« sind Sie? Wie präsentieren Sie sich? Welche Merkmale (auch: Persönlichkeit) zeigen Sie bzw. lassen Sie erkennen? Welche Prognose für Ihre Leistungsmotivation kann man aufgrund Ihrer Antworten wagen?
Hinweise: Stellen Sie sich im Umgang mit schwierigen, komplexen Themen geschickt an? Empfehlung: Nicht in Details verlieren, nicht zu sehr »Überflieger« sein. Das realistische Mittelmaß – aber nicht zu glatt! – wird honoriert. Wer hier in ein 20-minütiges Referat verfällt oder Extrempositionen vertritt, ist »out«.

- Auf welche Ihrer beruflichen Leistungen und Erfolge sind Sie besonders stolz?
- Und jetzt zu Ihren Misserfolgen …

Hintergrund: Was haben Sie als Leistungsnachweis anzubieten? Nebenbei: Wie gehen Sie mit heiklen, komplexen Fragen um?
Hinweise: An Ihren Erfolgen und besonders an den von Ihnen eingestandenen Misserfolgen werden Sie gemessen. Wer keine Misserfolge zu berichten weiß, macht sich verdächtig, und wer eingesteht, ein »Millionending« in den Sand gesetzt zu haben, bringt sich ins Abseits.

Während man bei den Erfolgsberichten etwas großzügiger (aber nicht unglaubwürdig) sein darf – insbesondere die Teamleistung sollte hervorgehoben werden –, gilt es bei den Misserfolgen, eher bei sich selbst zu bleiben (Ich …), ohne jedoch wirklich gravierende, irreparable Schäden zu beichten.

Die Analyse Ihrer Erfolgs- und Misserfolgsberichte lässt viele Rückschlüsse auf Sie als potenziellen Mitarbeiter zu.

- Wie sehen Sie Ihre Zukunft?
- Was sind Ihre Ziele?
- Was möchten Sie in drei und was in fünf Jahren erreicht haben?

Hintergrund: Wieder geht es um Leistungsbereitschaft und Motivation, um »Biss«, »Drive«, »visionäre Begabung« oder schlicht um Ihre Zukunftsplanung.
Hinweise: Hier behandeln Sie ausschließlich Ihre beruflichen Perspektiven. Als leistungsmotivierter Mitarbeiter sind Sie zuversichtlich, was Ihren beruflichen Werdegang anbetrifft. Aber: Exponieren Sie sich nicht zu sehr, damit man vor Ihnen keine Konkurrenzangst bekommt und glaubt, Sie würden gleich die Säge am Stuhl Ihres Vorgesetzten ansetzen ...
Schlechte Antwort: *Meine Ziele/Zukunft, wissen Sie, darüber mach ich mir jetzt hier keine Gedanken.*
Bessere Antwort: *Interessante Frage, ich schätze, in naher Zukunft, wenn ich mich hier gut eingearbeitet habe und zeigen kann, was ich in der Lage bin zu leisten, ...*

3. Beruflicher Werdegang

- Wie verlief Ihr bisheriger Berufsweg?
- Aus welchen Gründen haben Sie sich für den Beruf/die Branche/die Arbeitsplätze X, Y und Z entschieden?
- Und warum jetzt für diese neue Position in unserem Haus?

Hintergrund: Planung oder Zufall? Ist ein roter Faden bei Ihren Motiven für Arbeitsplatz- und Positionswechsel erkennbar?
Hinweise: Was Sie in Ihren Bewerbungsunterlagen kunstvoll zu Papier gebracht haben, müssen Sie jetzt überzeugend und gegebenenfalls auch ausführlich darstellen und begründen können. Wichtig ist dabei die Präsentation eines logischen Zusammenhanges zwischen einzelnen beruflichen Stationen. Mit dem gereizten Hinweis »Aber das steht doch bereits alles in meinen Unterlagen!« würden Sie sich sofort aus dem Bewerbungsverfahren katapultieren.

- Berichten Sie uns etwas über die wichtigsten Aspekte Ihrer bisherigen Tätigkeiten.

Hintergrund: Gelingt es Ihnen, komplexe Sachverhalte überzeugend auf den Punkt zu bringen, und passt dies inhaltlich zu der angebotenen Stelle?
Hinweise: »Aufgrund meiner Tätigkeiten X, Y und Z glaube ich, für die Aufgabe gut vorbereitet zu sein« – ohne dies wörtlich auszusprechen, könnte so der Tenor bei der Beantwortung dieser Frage lauten.

- Was sind zurzeit Ihre konkreten Arbeitsaufgaben?
- Was machen Sie davon gerne, was ungerne?
- Schildern Sie einmal den Ablauf eines typischen Arbeitstages.

Hintergrund: Hier geht es dem Interviewer darum, einen tieferen Einblick in Ihre derzeitigen Aufgaben zu bekommen und zu überprüfen, ob der gute Eindruck aufgrund Ihrer schriftlichen Bewerbungsunterlagen Bestand hat. Mit anderen Worten: Man versucht, Ihre beruflichen Schwachstellen zu enttarnen.
Hinweise: Diese auf den ersten Blick harmlos klingenden Fragen sind schwieriger zu beantworten, als Sie glauben. Deshalb erfordern sie eine besonders gute Vorbereitung im Hinblick auf den angestrebten Arbeitsplatz. Wer z. B. behauptet, an seinem aktuellen Arbeitsplatz alles nur gut und gerne gemacht zu haben, lügt ausgesprochen ungeschickt. Warum dann der angestrebte Wechsel?

- Warum haben Sie Ihren Arbeitgeber öfter bzw. selten gewechselt?

Hintergrund: Schwachstellen aufdecken; den Bewerber mit einer schwierigen, peinlichen Situation konfrontieren und beobachten, wie er sich verhält.
Hinweise: Vorbereitet sein; gut argumentieren können; glaubwürdige Darstellung, auch mit Anerkennung von eigenen Fehlern; sich nicht aus der Ruhe bringen lassen; nicht aggressiv reagieren.
Schlechte Antwort: *Wissen Sie, da gab es nach meinen Fähigkeiten doch eine enorme Nachfrage …*

Ganz ehrlich, ich habe nicht gewusst, wo ich hätte sonst arbeiten sollen …

Bessere Antwort: *Das liegt sicher immer auch ein bisschen im Auge des Betrachters. Aus Ihrer Sicht habe ich zu häufig/schnell gewechselt. Für mich waren da folgende Argumente entscheidend …*

Sie wundern sich, wie lange ich da war. Nun, ich fühlte mich wohl, war hoch angesehen, meine Leistung wurde geschätzt …

- Warum haben Sie von diesem zu jenem Arbeitgeber gewechselt und sind dann wieder gewechselt?

Hintergrund: Man will die sich wiederholenden Probleme, die zum Wechsel der Arbeitsstelle führen, aufdecken; den Bewerber durch diese Frage mit einer schwierigen, womöglich peinlichen Situation konfrontieren und beobachten, wie er sich verhält.
Hinweise: Bereiten Sie sich vor und lassen Sie sich nicht aus der Ruhe bringen. Reagieren Sie keinesfalls genervt oder aggressiv, sondern legen Sie sich vorab eine plausible Erklärung zurecht.
Schlechte Antwort: *Die haben meine Leistung nicht anerkannt, der Vorgesetzte hatte mich auf dem Kieker, die Kollegen waren alle gegen mich …*
Bessere Antwort: *Nach einer gewissen Zeit habe ich da keine größeren Herausforderungen für mich gesehen, konnte nichts mehr lernen. Da bekam ich den Hinweis, mich doch mal da und dort vorzustellen/das Angebot, dort mitzuarbeiten, auch etwas mehr Geld … wobei das nicht das allein entscheidende Argument war …*

- An welchen Fortbildungsmaßnahmen haben Sie teilgenommen? Wer hat diese initiiert?

Hintergrund: Überprüfung von Leistungsmotivation und Kompetenz. Fortbildung aufgrund von Eigeninitiative oder nur auf Anordnung?
Hinweise: Wenige Sätze reichen aus. Es kommt darauf an, dass Sie etwas Relevantes zu berichten wissen. Fachliteratur und der regelmäßige Austausch mit Kollegen in einem vergleichbaren Arbeitsbereich ist das unterste Niveau, das hier inhaltlich beschritten werden kann. Besser sind Tagungen, Messen, Fortbildungsveranstaltungen etc.

- Was zeichnet Ihrer Meinung nach einen guten Vorgesetzten aus?
- Was einen guten Mitarbeiter?

- Jetzt diese beiden Fragen mit umgekehrten Vorzeichen – »schlechten« Vorgesetzten … usw.
- Was schätzen Sie an Ihren Arbeitskollegen/Vorgesetzten – was nicht?

Hintergrund: Was sind Ihre Maßstäbe bei der Beurteilung von Vorgesetzten und Kollegen? Worauf kommt es Ihnen an? Erneut: Wie gehen Sie mit schwierigen Fragen um?
Hinweise: Zeigen Sie Wertschätzung für Vorgesetzte und Kollegen, machen Sie aber auch gegebenenfalls deutlich, dass Sie in bestimmten Situationen anders entschieden hätten. Vermitteln Sie Respekt und die richtige Mischung aus Selbstbewusstsein und Loyalität.

- Fühlen Sie sich in Ihren beruflichen Leistungen von Ihren früheren Vorgesetzten angemessen beurteilt?

Hintergrund: Wie gehen Sie mit dem heiklen Thema Leistungsbeurteilung um? Lassen Sie sich provozieren, und nehmen Sie Schuldzuweisungen vor? Ergreifen Sie die erstbeste Gelegenheit, über andere herzuziehen? Sind Sie der Typ des ewig verkannten Genies?
Hinweise: Halten Sie sich bedeckt, und lassen Sie sich nicht provozieren. Vermeiden Sie vor allem Klagen über Ihre früheren Vorgesetzten und eine unglückliche Selbstdarstellung.

- Was würden Sie gern an Ihrem jetzigen Arbeitsplatz verändern, wenn Sie Veränderungen durchführen könnten, wie Sie wollen?

Hintergrund: Sind Sie ein notorischer Besserwisser oder gar ein »Revolutionär«? Ein reiner Provokationstest – es geht nicht um Kreativität.
Hinweise: Natürlich gibt es Dinge, die veränderungswürdig sind, aber dies ist hier nicht der Rahmen, detailliert und angemessen die Probleme an Ihrem derzeitigen Arbeitsplatz auszubreiten. Halten Sie sich bedeckt.
Schlechte Antwort: *Lassen Sie mich überlegen, wo fang ich an, ja, da gibt es wirklich eine ganze Menge, da ist viel im Argen, da müsste man …*
Bessere Antwort: *Im Prinzip bin ich mit den meisten Dingen und Handhabungen zufrieden, wir führen auch regelmäßige Gespräche, was so ansteht, Verbesserungen, oder wenn jemand Probleme hat,*

dann kann er diese in der Runde offen ansprechen ... das machen Sie doch sicherlich hier in diesem Betrieb ähnlich ... ich für meinen Teil wünsche mir jetzt eine neue Herausforderung ...

- Was war bisher Ihr schlimmstes, unangenehmstes (Arbeits-)Erlebnis?

Hintergrund: Ein Persönlichkeitstest in Frageform. Es geht darum, Ihnen auf den Zahn zu fühlen, eventuelle Widersprüche zum Thema »bisherige Misserfolge« aufzudecken.
Hinweise: Aufgepasst – was war Ihre Antwort bei der Frage nach Ihrem größten Misserfolg? Welches Bild geben Sie von sich ab?
Schlechte Antwort: *Da muss ich Ihnen mal erzählen, wie ...*
Bessere Antwort: *So eine richtige Katastrophe habe ich noch nicht erlebt ... unangenehm war mir, als ich einmal etwas vergaß ...* (oder sonstiges, harmloses »Erzähl-Material«, das dann aber immer mit der Einsicht und dem daraus Gelernten endet ... Sie sollten dazu unbedingt etwas vorbereitet haben!)

4. Persönlicher, familiärer und sozialer Hintergrund

In dieser Gesprächsphase geht es um drei Bereiche:
1. Wer und wie sind Sie?
2. Mit wem leben Sie zusammen, und wie sind diese Personen?
3. Wie sieht Ihr erweitertes soziales Umfeld (Freunde, Bekannte, Kollegen) aus?

Zu Ihrer Person

- Wir wollen Sie gerne kennenlernen, erzählen Sie uns etwas über sich.
- Wie würden Sie sich kurz charakterisieren?

Hintergrund: Ein umfassender Persönlichkeits-Check-up, der mit zwei Fragen auskommt. Ein Versuch, in die Schränke und Schubladen Ihrer

Persönlichkeit zu schauen. Es geht um die zentrale Frage: Passt der Bewerber in unser Unternehmen?

Hinweise: Hier haben Sie es quasi mit aufdringlichen Besuchern in Ihrer Privatsphäre zu tun. Es liegt an Ihnen, sich auf Derartiges gut vorzubereiten. Wichtig: Beginnen Sie bei sogenannten offenen Fragen wie dieser immer erst damit, die berufliche Ebene anzusprechen und später – wenn überhaupt notwendig – die private.

- Was sind Ihre Stärken, was Ihre Schwächen?
- Was ist Ihr größter Erfolg/Misserfolg (beruflich/privat)?
- Was war bisher in Ihrem Leben Ihr schlimmstes Erlebnis?

Hintergrund: Wie stellen Sie sich dar? Wie glaubwürdig wirken Sie dabei? Lassen sich ungeahnte Schwächen entdecken?

Hinweise: Sie sollten mit Gelassenheit sowohl die positiven als auch einige harmlose negative Dinge darstellen und vertreten (die berufliche Seite zuerst; vielleicht geht der Interviewer schon zur nächsten Frage über, bevor Sie zur Darstellung von unverfänglichen Schwächen und Misserfolgen im privaten Bereich kommen s. a. S. 106ff.).

Überlegen Sie sich genau, welche Offenheit Sie sich bei der Darstellung von Schwächen und Misserfolgen leisten können. Und nie vergessen: Sie befinden sich nicht auf der Couch Ihres Psychoanalytikers oder beim Pfarrer im Beichtstuhl!

Die Antwort auf die Frage nach Ihren Schwächen ist für den Entscheider besonders interessant. Bereiten Sie sich gut vor. *Ungeduld* und *Perfektionismus* sind hier als Standardantwort verbraucht.

- Was schätzen Sie generell an anderen Menschen, was nicht (Arbeitskollegen/Vorgesetzte/Freunde/Bekannte)?
- Haben Sie Leitbilder?

Hintergrund: »Persönlichkeitsdiagnostik« (s. a. entsprechende Fragen im vorigen Abschnitt).

Hinweise: Hier gilt wieder der generelle Hinweis, dass jede Aussage über andere immer auch eine Mitteilung über Sie selbst bedeutet.

- Warum sollten wir gerade Sie einstellen?

Hintergrund: Ein fundamentaler Test Ihres Selbstbewusstseins und Selbstvertrauens. Sind Sie in der Lage, die für Sie sprechenden Eigenschaften im Hinblick auf die angestrebte Position prägnant zusammenzufassen?
Hinweise: Obwohl diese Frage zu den Standardfragen gehört, trifft sie viele Bewerber völlig überraschend und unvorbereitet. Das ist Ihre Chance! Lesen Sie dazu noch einmal die Seiten 37 und 84.
Schlechte Antwort: *Na, das sollten Sie schon selber herausfinden/beurteilen können, da kann ich nicht viel zu sagen …*
Bessere Antwort: *Aus meiner Sicht spricht für mich erstens: …, zweitens: …, drittens: …*

- Wir wollen Sie als Mensch kennenlernen. Was machen Sie neben Ihrer Berufstätigkeit?
- Welche Interessen, welche Hobbys haben Sie?
- Welche Sportarten betreiben Sie?

Hintergrund: Es geht um das Kennenlernen der »ganzen Person«, um Ihr Interessenspektrum, um Besonderheiten, Hobbys, kulturelle Aktivitäten und Neigungen (z. B. Lesen – Kant oder Konsalik?). Denken Sie auch an Ihre körperliche Fitness (Tennis oder Tischtennis?).
Hinweise: Die Beantwortung sollten Sie nicht dem Zufall überlassen. Die Antwort »Polospielen« macht einen anderen Eindruck als die Beschäftigung mit Briefmarken. (Vorsicht beim Bluffen – auf Nachfragen vorbereitet sein!) Sehr viel Sport ist leider wegen der begrenzten Freizeit nicht möglich, aber zu Ihrem Körper haben Sie natürlich ein gesundes Verhältnis. Vorsicht bei Risikosportarten wie z. B. Drachenfliegen.
Schlechte Antwort: *Mein Herz schlägt für …, also eine richtige Leidenschaft von mir, wobei ich alle Zeit der Welt vergessen kann … am liebsten würde ich das den ganzen Tag/einen Beruf daraus machen … aber leider … man muss ja noch Geld verdienen/arbeiten gehen …*
Bessere Antwort: *Ich tanke am besten auf und gewinne neue Kräfte und Ideen dadurch, dass ich Sport mache/mich dieser oder jener Sache widme …, entspanne.*

- Was bedeutet Teamarbeit für Sie?

Hintergrund: Sind Sie eher extra- oder introvertiert, ist hier die Frage. Sind Sie lieber Einzelkämpfer oder Gruppenmensch?
Hinweise: Heutzutage werden insbesondere teamfähige Leute gesucht – auch wenn später in der Realität jeder gegen jeden (an-)tritt.

- Mit welchen Menschen arbeiten Sie gern/ungern zusammen?
- Hatten Sie schon mal Schwierigkeiten mit Vorgesetzten und/oder Kollegen?
- Wenn ja: mit wem? Warum? Wie sind Sie damit umgegangen? Was haben Sie daraus gelernt?

Hintergrund: Es geht weiter ganz unverstellt zur Sache (Psychodiagnostik), hier um den Aspekt: Wie ist es um Ihr Konfliktlösungspotenzial bestellt?
Hinweise: Wenn es Ihnen bei diesen Fragen die Sprache verschlägt, spricht das gegen Sie. Jeder Mensch bevorzugt bestimmte Kollegen und hat schon mal Schwierigkeiten mit seinem Chef gehabt. Nur müssen Sie wissen, was Sie darüber preisgeben wollen und auf welche Weise.

- Worüber können Sie sich so richtig ärgern?
- Was macht Sie wütend?
- Was bereitet Ihnen Sorgen?

Hintergrund: Fortsetzung der Psychodiagnostik. Wie gehen Sie mit derartigen Fragen um? Kann man Sie damit ärgern oder gar verängstigen?
Hinweise: Machen Sie sich nicht ganz zu (verkrampfen Sie nicht), aber lassen Sie auch nicht die Katze völlig aus dem Sack. Da Sie hier nur die Wahl zwischen Pest und Cholera haben, kommt es darauf an, diese kritische Stressinterview-Phase (s. S. 124) mit Format und Gelassenheit durchzustehen. Weichen Sie aus – z.B. auf (relativ) Unverfängliches (die letzte Heimniederlage Ihres Lieblingsclubs, Ihre Schwiegermutter, Hundekot auf der Straße, die Vernichtung von Lebensmitteln im EU-Raum, schlechte kulturelle Leistungen bei Theater- und Konzertaufführungen Ihrer Lieblingsstücke usw. usw.).

Auch das Sorgen-Thema müssen Sie ähnlich geschickt umschiffen.

Schlechte Antwort: *Nichts! Haben Sie wirklich so viel Zeit, dass ich jetzt mal aushole …*
Bessere Antwort: *Da gibt es immer etwas, worüber man sich so richtig aufregen könnte, jedoch ich frage mich oft: lohnt es sich? und überlege dann, nehme diese Energie lieber dafür, etwas zu verändern … zum Beispiel neulich in unserem Verein …* (hier eher etwas aus der privaten Ebene anbieten).

- Wie gehen Sie mit Kritik um?

Hintergrund: Wieder eine Persönlichkeits-Testfrage.
Hinweise: Es kommt sicherlich immer darauf an, wer Sie wann wie und weshalb kritisiert. Kritik bringt Sie nicht um (selbstverständlich auch nicht solche Fragen), sondern hoffentlich weiter.

- Was sind Ihre ganz persönlichen Lebensziele?
- Was möchten Sie persönlich für sich in naher/ferner Zukunft erreichen?

Hintergrund: Eine gewisse Lebensplanung mit beruflichen und privaten Zielsetzungen rundet das Idealbild eines guten Bewerbers ab.
Hinweise: Lernen, Leistung, Vorwärtskommen. Haben Sie ein Gespür dafür, was man hier wohl von Ihnen hören will? Achtung: Es geht primär um Berufliches – vermeiden Sie private Offenbarungen.

- Was sind Ihrer Meinung nach die größten Missstände …
  … in der Welt
  … in unserem Land
  … in Ihrer Heimatstadt
  … in dem Unternehmen, in dem Sie zurzeit arbeiten?

Hintergrund: Wie differenziert ist Ihre Kritikfähigkeit, welchen Einblick erlauben Ihre Antworten in persönliche Grund- und Werthaltungen, ja sogar in Ihre Persönlichkeitsstruktur? Im letzten Frageteil geht es um Ihre Loyalität zu Ihrem jetzigen Arbeitgeber.
Hinweise: Wer z. B. auf allen vier Ebenen (Welt, Land, Stadt, Firma) das unerträgliche Umsichgreifen der Korruption beklagt, sagt damit (unwissentlich) mehr über sich als über die beklagten objektiven Missstände. Sie können das Wort »Korruption« durch Pornografie,

Werteverfall, Egoismus auf allen Ebenen usw. ersetzen – jede Aussage beleuchtet mehr die Persönlichkeit des Antwortenden als die vordergründig abgefragten Missstände. Achtung: Damit ist diese Frage ein knallharter (unzulässiger) Persönlichkeitstest!

Übrigens: Auch wenn Sie auf den verschiedenen Ebenen unterschiedliche Missstände benennen, wird der geschulte Zuhörer den gemeinsamen Oberbegriff herauszuhören versuchen, um Rückschlüsse auf Ihre Persönlichkeit vorzunehmen.

Der Interviewer will Sie mit den Fragen nach größeren Zusammenhängen (Welt, Land, Stadt) u. U. von dem für ihn eigentlich interessanten Aspekt ablenken: welche Kritikbereitschaft Sie Ihrem aktuellen Arbeitgeber gegenüber einnehmen (Stichwort Loyalität).

Bei den globalen Missständen könnten Sie auf Kriege, Umweltzerstörung, Hunger in der dritten Welt etc. hinweisen, in unserem Land evtl. auf die Arbeitslosigkeit und das Problem der Steuerumverteilung, in Ihrer Stadt auf Verkehrs-, Bau- und Umweltprobleme, in Ihrer Firma sehr vorsichtig auf die noch nicht optimal organisierte Gleitarbeitszeit etc.

Zu Ihrer Familie

- Wie sieht Ihre aktuelle Lebenssituation aus?

Hintergrund: Mit wem leben Sie zusammen? Als Single, mit Lebens- oder Ehepartnerin?
Hinweise: Verliebt, verlobt, verheiratet, geschieden, verwitwet, Kinder? Alles Themen, die den Arbeitgeber nichts angehen, aber er fragt nun mal danach.

- Stellen Sie uns doch bitte Ihre Familie vor.
  (Gegenfrage: Welche? Meine Ursprungsfamilie oder meine jetzige?)

Hintergrund: Neugieriges Informationsbedürfnis über den Bewerber und das Milieu, das ihn umgibt, aus dem er kommt (möglicherweise also beide Familien ...).

Hinweise: Gehen Sie nicht zu sehr ins Detail, Sie müssen sich nicht rechtfertigen, warum Sie z.B. geschieden, wieder verheiratet oder überhaupt nicht verheiratet bzw. liiert sind. Ebenso: warum Sie sich keine oder zahlreiche (ab drei) Kinder leisten und was Ihre eigenen Eltern gemacht bzw. versäumt haben, wie es bei Ihnen zu Hause damals zuging … (vgl. auch S. 50: Lügen aus Notwehr).

- Was macht Ihre Frau/Ihr Mann beruflich, und wo?

Hintergrund: Abchecken der sozialen Verhältnisse. Devise: Zeige mir deinen Partner, und ich weiß ein bisschen mehr, wer und wie du bist.
Hinweise: Seien Sie sich darüber im Klaren, dass Sie eine relativ konfliktfreie, weitgehend problemlose heile Welt präsentieren müssen.
Schlechte Antwort: *Warum interessiert Sie das … was geht denn Sie das an?*
Bessere Antwort: *Der geht voll und ganz in seinem Beruf auf, ist sehr zufrieden/ erfolgreich … hat immer Verständnis für meine beruflichen Pläne und unterstützt mich …*

- Was sagt Ihr Lebenspartner zu Ihren Plänen? Gibt es da evtl. Probleme? (Umzug/Arbeitszeiten etc.)

Hintergrund: Bekommen Sie Unterstützung? Ist Ihr Lebenspartner mit Ihren Plänen einverstanden, oder gibt es da Hemmnisse?
Hinweise: Wer hier nicht überzeugend positiv auftritt oder gar zugeben muss, noch nichts besprochen zu haben, sammelt Minuspunkte.

Zu Ihrem sozialen Hintergrund

- Gibt es Bereiche, in denen Sie sich besonders engagieren?

Hintergrund: Wie sieht es mit politischen oder sozialen Prioritäten aus, für die Sie sich bisher engagiert haben (Parteien, Gewerkschaften, Bürgerinitiativen, Kirche, Vereine, soziale Institutionen – z.B. Telefonseelsorge, Anonyme Alkoholiker, Spastikerhilfe, Greenpeace, Amnesty International, DRK etc.)?
Hinweise: Machen Sie sich bewusst, welches Bild Sie von sich entwer-

fen, wenn Sie sich zu dem einen oder anderen sozialen oder politischen Engagement bekennen, und wie das von Ihrem potenziellen Arbeitgeber eingeschätzt wird.

- Mit welchen Menschen sind Sie gerne zusammen, und was verbindet Sie mit diesen?
- Und jetzt das Gegenteil ...

Hintergrund: »Zeige mir deine Freunde, und ich sage dir, wer du bist« – Informationen über Dritte sind Informationen über einen selbst. Sind Sie kontaktorientiert?
Hinweise: Natürlich geht es nicht wirklich um Herrn oder Frau XY aus Ihrem Freundes- und Bekanntenkreis, sondern um Sie. Wie sehen Ihre sozialen, zwischenmenschlichen Beziehungen aus – quantitativ und qualitativ?

5. Gesundheitszustand

- Waren Sie schon mal ernstlich erkrankt?
- Bestehen bei Ihnen gesundheitliche Einschränkungen mit beruflichen Auswirkungen?
- Gab es Krankenhausaufenthalte/Unfälle, leiden Sie an Allergien?

Hintergrund: Wie steht es um Ihre uneingeschränkte gesundheitliche Leistungsfähigkeit?
Hinweise: Absolute Gesundheit gibt es wohl heutzutage kaum. Lassen Sie trotzdem keine Zweifel daran aufkommen, dass es bei Ihnen keine berufsrelevanten Beeinträchtigungen gibt (siehe auch Notlügen im Vorstellungsgespräch, S. 50).

Der Arbeitgeber darf sich nur nach aktuellen Erkrankungen erkundigen, die die berufliche Leistungsfähigkeit einschränken. Hier werden sehr häufig die rechtlich zulässigen Fragegrenzen überschritten – also aufgepasst! Sollten Sie Zweifel haben, ob Sie ganz gesund sind, fragen Sie Ihren Arzt, aber lassen Sie keine Zweifel im Vorstellungsgespräch aufkommen. Bagatellerkrankungen, wie z. B. auch ein kleinerer, jährlich wiederkehrender Heuschnupfen, gehen den Arbeitgeber nichts an.

- Waren Sie im letzten Jahr mehr als zweimal beim Arzt?
- Haben Sie einen Hausarzt?

Hintergrund: Fangfragen zur Überprüfung des Gesundheitszustandes im Hinblick auf befürchtete Fehlzeiten.
Hinweise: Achtung, aufgepasst – nicht (ver)plappern. Das sind Rhetoriktricks, auf die man nicht hereinfallen darf (siehe dazu auch S. 110).
Schlechte Antwort: *Lassen Sie mich mal rechnen ... also bei Herrn Dr. Heinze, da waren wir drei Mal, nein, vier ... und dann noch der Dr., wie hieß der bloß, von dem ich ins Krankenhaus eingewiesen wurde ...*
Bessere Antwort: *Wissen Sie, in diesem Jahr, nein, noch nicht, und im letzten Jahr, ich kann mich nicht erinnern ... wir haben wohl einen Arzt, aber da muss ich mal meine/n Frau/Mann fragen ...*

6. Berufliche Kompetenz und Eignung

- Wie gut kennen Sie sich in unserer Branche, in unserem Metier aus?
- Wie schätzen Sie die aktuelle (zukünftige) Marktsituation ein?

Hintergrund: Wie sieht Ihr aktueller Wissensstand aus? Können Sie kompetent mitreden, einschätzen, beurteilen?
Hinweise: Es gilt das schon mehrfach zum Thema Vorbereitung/Recherche Gesagte. Sollten Sie bei einer dieser Fragen trotz guter Vorbereitung nicht genug Hintergrundwissen haben, bekennen Sie sich dazu. Es macht Sie sympathisch, wenn Sie in Maßen Kenntnislücken zugeben.

- Kennen Sie ... (dieses Verfahren, die Person, die Diskussion um etc.)?
- Was ist Ihre Meinung über ...?
- Wie beurteilen Sie ...?
- Was würden Sie machen, wenn ...?

Hintergrund: Test von Informationsstand und Fachwissen bis hin zur Aufforderung, spontan eine »Mini-Arbeitsprobe« abzulegen.
Hinweise: Hier werden Sie selbst am besten wissen, wie Sie auf diese Fragen zu reagieren, zu antworten haben. Möglicherweise handelt es sich auch um eine Testfrage, mit der man Sie aufs Glatteis führen will, und das XYZ-Verfahren, von dem man suggestiv behauptet, dass Sie es doch sicherlich kennen, existiert in Wirklichkeit überhaupt nicht. Also bekennen Sie sich ggf. zum Nichtkennen.

- Welche Publikation (Fachbuch/Artikel) aus Ihrem Arbeitsgebiet hat Sie in der letzten Zeit besonders beschäftigt?
- Welche Fachzeitschriften haben Sie abonniert, lesen Sie regelmäßig?
- Welche Kongresse, Fachtagungen, Weiterbildungen etc. haben Sie in der letzten Zeit besucht?

Hintergrund: Überprüfung von Engagement, Motivation und Kompetenz in fachlicher Hinsicht.
Hinweise: Siehe Hinweis zur vorigen Frage. Eine aktuelle, auch fachwissenbezogene Vorbereitung (in Maßen) zahlt sich hier aus.

- Auf welchem Sektor lag Ihr Ausbildungsschwerpunkt, und wie kam es dazu?
- Was würden Sie als Ihren aktuellen, spezifischen Arbeitsschwerpunkt bezeichnen?

Hintergrund: Wie kompetent können Sie sich und Ihr Arbeitsgebiet darstellen? Auch die Art und Weise Ihres »Vortrags« wird an dieser Stelle mitbewertet.
Hinweise: Fragen nach Ihrer Ausbildung (evtl. Lehre, Studium) und der ersten beruflichen Einstiegsposition kommen sicherlich bei einem gestandenen Praktiker seltener vor. Dennoch ist es wichtig, auf derartige Nachfragen, bei denen es auch um die Verknüpfung von Vergangenheit und Gegenwart geht, vorbereitet zu sein.

- Was schätzen Sie: Wie lange brauchen Sie, um sich bei uns in Ihr neues Aufgabengebiet einzuarbeiten?
- Auf welchem Gebiet haben Sie noch größere Defizite, und was gedenken Sie dagegen zu tun?

Hintergrund: Wie realistisch ist Ihre Selbsteinschätzung, und wie gehen Sie mit kritischen Fragen zu Ihrer Person, zu Ihrem Know-how um?
Hinweise: Bei der ersten Frage wären Ihrerseits Hinweise auf Unterstützung und Kooperation durch den Arbeitgeber, Fachvorgesetzte und Kollegen angemessen, auf die Sie in der ersten Zeit angewiesen sind. Natürlich haben Sie Defizite, die Sie noch nicht ganz überblicken und dank der betrieblichen Unterstützung und Ihres besonderen Einarbeitungsengagements sowie Ihrer Fortbildungsbereitschaft schnellstens beheben werden können. Empfehlung: bloß nicht kränken oder provozieren lassen.

- Können Sie uns noch einmal verdeutlichen: Was spricht für und was gegen Sie als unser Kandidat?
- Warum sollten wir gerade Sie einstellen?

Hintergrund: Abermals ein Test zur Selbsteinschätzung und -darstellung.
Hinweise: Eine Kurzzusammenfassung der Argumente, die für Sie sprechen, ist jetzt gefordert. Gut, dass Sie darauf vorbereitet sind … An Argumenten gegen Ihre Person fällt Ihnen höchstens eins ein, maximal anderthalb. Natürlich etwas Harmloses, was jeder potenzielle Arbeitgeber leicht entkräften könnte.

- Was machen Sie, wenn Sie den Arbeitsplatz bei uns nicht bekommen, wenn wir uns für einen anderen Bewerber entscheiden?

Hintergrund: Wie verarbeiten Sie Frustrationen, und inwieweit zeigen Sie dies?
Hinweise: Weder wären Sie völlig zerknirscht, am Boden zerstört, noch heilfroh und glücklich, wenn Ihnen dieser Job erspart bliebe. Bringen Sie zum Ausdruck, dass Sie eine Entscheidung gegen Sie als Kandidat bedauern, aber akzeptieren würden (was bleibt Ihnen auch übrig!). Sie sind – wie auch immer – derzeit gut verankert und keinesfalls auf den neuen Arbeitsplatz angewiesen.

7. Informationen für den Bewerber

Früher oder später im Gespräch kommt der Moment, wo Ihr Gegenüber berichten will, wie es bei ihm in der Firma/Institution zugeht. Das ist eine wichtige Gesprächsphase, in der es vor allem auf Ihre demonstrative Zuhörfähigkeit ankommt – im Psychojargon »aktives Zuhören« genannt.

Hintergrund: Selbstdarstellungslust und Imagepflege auf Arbeitgeberseite.
Hinweise: Hören Sie aufmerksam zu, unterbrechen Sie nicht leichtfertig, machen Sie einen stark interessierten Eindruck, fragen Sie nach, und eröffnen Sie Ihrem Gegenüber auf diese Weise neue Selbstdarstellungsfelder. Er wird es Ihnen danken.

Verdeutlichen Sie aber auch, dass Sie sich vorbereitet haben und einige Informationen bzw. Details bereits wussten, ohne arrogant zu wirken. So sammeln Sie Sympathiepunkte.

Häufig steht ein Teil der Informationen für den Bewerber bereits am Anfang des Gespräches. Dann haben sie u.a. die Funktion, das Gespräch einzuleiten und die Aufregung des Bewerbers abzubauen. Dennoch besteht auch immer mitten im Gespräch die Chance, den Gesprächspartner zur Selbstdarstellung anzuregen und so viele angenehme (Zuhör-)Minuten mit leicht verdienten Sympathiepunkten zu verbringen.

Spätestens in dieser Phase des Gesprächs ist nun auch Ihr Gegenüber in einer Bewerbungsposition, und die Rollen wechseln.

TIPP

An der Qualität und Quantität des Informationsangebotes und seiner Vermittlung können Sie durchaus das Interesse an Ihrer Person sowie Ihren Stellenwert als Bewerber erkennen.

8. Arbeitskonditionen

Es liegt auf der Hand: In einer ersten Vorstellungsrunde sind Sie einer von mehreren Kandidaten. Möglicherweise hat der Arbeitsplatzanbieter noch nicht alle Bewerber kennengelernt, sodass die Konditionen in einem ersten Gespräch nicht die gleiche wichtige Rolle spielen wie zu einem späteren Zeitpunkt des Bewerbungsverfahrens, z.B. in einem zweiten Vorstellungsgespräch.

Trotzdem geht es natürlich darum, schon in der ersten Gesprächsrunde grob abzuklären, ob man sich auf die Rahmenbedingungen einigen könnte.

Diese beinhalten auch inhaltliche Aspekte des potenziellen Arbeitsplatzes. Am Beispiel der Unterpunkte eines fiktiven Arbeitsvertrages zeigen wir auf, worum es hier gehen kann:

Aufgabengebiet; Arbeitszeit; Probezeit; Kündigungsfristen; Kompetenzen und Vollmachten; Urlaubsregelung; Bezahlung; Geheimhaltungspflichten; Konkurrenz-/Wettbewerbsschutz; Nebenbeschäftigung; Vertragsänderungen; sonstige Abmachungen, Sondervereinbarungen wie z.B. Dienstwagen, Altersversorgung, Umzugskosten, Trennungsentschädigung, Reisekostenvergütung, Unfallversicherung, Sonderzahlungen bei längerer Erkrankung etc.

Wie gesagt: Detailliert verhandelt werden diese Aspekte erst, wenn man in die engere Wahl gekommen ist, selten beim ersten Vorstellungsgespräch. Halten Sie sich also mit Fragen in dieser Richtung zurück. Jetzt ist dafür noch nicht der richtige Zeitpunkt.

Trotzdem – an dieser Stelle zwei Kernfragen:

- Welche Gehaltsvorstellung haben Sie?
- Wie hoch sind Ihre aktuellen Bezüge?

Hintergrund: Das alte Spiel. Der Preis ist heiß.
Hinweise: Können Sie den Wert Ihrer Arbeitsleistung angemessen einschätzen? In welchem Verhältnis steht Ihre Forderung zu Ihren jetzigen Bezügen (s. S. 95)?

- Wann könnten Sie bei uns anfangen?
- Wenn wir uns für Sie entscheiden, brauchen wir Sie sofort. Ist das möglich?

Hintergrund: Wie integer sind Sie, wie loyal Ihrem alten Arbeitgeber gegenüber? Wie weit lassen Sie sich unter Druck setzen und manipulieren?
Hinweise: Tappen Sie nicht in die Loyalitätsfalle, auch wenn Ihnen viel an diesem neuen Job liegt. Sie verlassen Ihren alten Arbeitsplatz nicht »Hals über Kopf«, laufen nicht einfach davon, weder jetzt bei Ihrem alten noch später bei dem neuen Arbeitgeber. Die vertraglichen und arbeitsrechtlichen Spielregeln sind allgemein bekannt. Trotzdem: Gegen eventuelle Sondierungsgespräche mit Ihrem alten Arbeitgeber bezüglich eines früheren Austrittstermins ist nichts zu sagen.

9. Fragen des Bewerbers

In jedem Vorstellungsgespräch gibt es einen programmierten Rollenwechsel in der Art, dass Sie als Bewerber nun Fragen stellen dürfen, die Ihr Gesprächspartner beantworten wird.

Hintergrund: An den klugen Fragen erkennt man »einen klugen Kopf«, einen motivierten und kompetenten Bewerber. Was Sie jetzt wissen wollen, wird hinterfragt, auf Sinngehalt und aktives Interesse hin überprüft.
Hinweise: Sollten Sie mit Themen auffallen, die Sie eigentlich im Vorfeld hätten klären können oder durch aufmerksames Zuhören an einer anderen Stelle des Gesprächs längst hätten »speichern« müssen, erzielen Sie einen negativen Effekt. Auch wer zuerst auf die Betriebsrente oder den Urlaub zu sprechen kommt, ist für sein Negativimage selbst verantwortlich.

Sinnvolle Fragen können sich u. a. auf folgende Aspekte beziehen: Aufgabengebiet, Zuständigkeit, Verantwortung, Kooperationspartner, globale Bezahlung. Gehen Sie hier nicht weiter ins Detail. Beachten Sie den Hinweis: Detailliert verhandelt wird erst, wenn ... (s. a. S. 95).

Übrigens: Es macht einen guten Eindruck, wenn Sie schriftlich vorbereitete Fragen »aus der Tasche ziehen« und sich auch während der verbalen Ausführungen Ihres Gegenübers gelegentlich Notizen machen.

Beispiele für Themen

- Ist diese Position/dieser Arbeitsplatz neu geschaffen worden oder fester Bestandteil in Ihrem Unternehmen?
- Wer hat diese Aufgabe bisher wahrgenommen?
- Mit welchem Erfolg, was gab es für Probleme?
- Warum ist der Arbeitsplatz frei geworden?
- Was macht der ehemalige Stelleninhaber jetzt?
- Haben Sie eine detaillierte Stellenbeschreibung, darf ich die sehen, mitnehmen?
- Gibt es ein Organigramm (Organisationsplan), in dem der ausgeschriebene Arbeitsplatz dargestellt wird?
- Mit welchen Personen, Abteilungen werde ich zusammenarbeiten?
- Welche speziellen Erwartungen haben Sie an den neuen Stelleninhaber?
- Was, meinen Sie, sollte dieser als Erstes tun, was ist das Wichtigste?
- Ist die Möglichkeit gegeben, die neuen Kolleginnen und Kollegen, mit denen ich zusammenarbeiten würde, vorab kennenzulernen?
- Welchen beruflichen Hintergrund haben die zukünftigen Kollegen, Vorgesetzten?
- Wie ist die Einarbeitungsphase geplant? (Ansprechpartner, Programm, auch: wo, wie lange?)
- Welche späteren Entwicklungsmöglichkeiten gibt es für mich von dieser Position aus?
- Welche Fort- u. Weiterbildungsangebote gibt es in Ihrem Unternehmen?
- In Ihrer Anzeige (in Ihren Unterlagen) schreiben Sie ... Was verstehen Sie darunter?
- Welche aktuellen Vorhaben stehen in Ihrem Hause für die nahe Zukunft an?
- Welche Probleme in Ihrem Unternehmen bedrücken Sie am meisten?
- Wie würden Sie den Führungs- und Umgangsstil in Ihrem Haus charakterisieren?

Die obigen Fragethemen sind evtl. auch für das zweite Vorstellungsgespräch relevant.

Und noch einmal: Machen Sie nicht den Fehler, Fragen zu stellen, als ob Sie bereits sicher wären, morgen anfangen zu können und im nächsten Moment den Arbeitsvertrag zu unterschreiben. Dieser und seine Konditionen sind noch weitestgehend tabu. Aber auch ein Nachfragen in Richtung: »Wie werden Sie sich entscheiden, wann höre ich von Ihnen, wie sind meine Chancen« ist zu diesem Zeitpunkt noch nicht opportun.

Zeigen Sie abermals Geduld und Gelassenheit. Geben Sie Ihrem Gegenüber nicht das Gefühl, bedrängt zu werden. Zeigen Sie sich interessiert, aber auch abwartend.

10. Abschluss des Gesprächs und Verabschiedung

- Warum sollten wir gerade Ihnen den Arbeitsplatz geben?
- Können Sie bitte noch einmal kurz zusammenfassen, was Ihre Stärken, aber auch Ihre Schwächen sind?

Hintergrund: Wie auch in der Gesprächsphase 4 (zu Ihrer Person) erläutert, geht es um negative (diese sind interessanter!) und positive Fähigkeiten und Eigenschaften, die Sie charakterisieren und einen Bezug zum angestrebten Arbeitsplatz haben.
Hinweise: Diese Aufforderung können Sie gut benutzen, um noch einmal die wichtigsten Argumente für Ihre Person und Bewerbung zusammenfassend vorzutragen (im Stil etwa: 1. …, 2. …, 3. …). Negative Argumente fallen Ihnen nicht ein bzw. überlassen Sie (später) Ihrem Gesprächspartner. Achtung: Wiederholungsfrage!

Zum Schluss kommt es auf den Versuch eines angenehmen »Abgangs« an, auch unter dem Aspekt der Imagepflege für den Arbeitsplatzanbieter. Man wird sich bei Ihnen für Besuch, Bewerbung und das Interesse an der Firma/Institution bedanken.

Wichtig ist nun eine Klärung, wie es weitergeht, wer voraussichtlich wann zu einer Entscheidung gelangt. Dies alles sollte aber ohne Bedrängung, Ungeduld oder gar Selbst-(Ver-)Zweifel(ung) vorgetragen werden.

Kommen Sie also nicht auf die Idee, direkt oder verklausuliert zu fragen: »Wie werden Sie sich entscheiden?« Das braucht naturgemäß Zeit, und die haben Sie, denn Sie stehen ja nicht (erkennbar) unter

Druck. Unser Vorschlag: »Was meinen Sie, wie sollten wir verbleiben? Soll ich Sie anrufen – sagen wir in einer Woche –, oder melden Sie sich, bekomme ich Nachricht von Ihnen?«

Nun unser letzter Hinweis: Be prepared. Keep smiling. Beim Rausgehen vor der Bürotür auf jeden Fall die Contenance bewahren. Die Tür nicht zuknallen, nicht erleichtert aufatmen (und wenn, nur ganz leise), keine Flüche, weiterhin aufrecht gehen ...

Spezialfragen an Azubis, an Arbeitslose, an Führungskräfte

Fragen an Azubis

Nachfolgend das modifizierte Ablaufschema für Vorstellungsgespräche mit Ausbildungsplatzsuchern:

1. Begrüßung und Einleitung des Gesprächs s.o.

2. Bewerbung und Berufswahl
Ergründung von Motivation, Interesse und Informationsstand zum gewünschten Beruf durch Fragen wie:

- Warum bewerben Sie sich für den Beruf der/des .../die Ausbildung für ...? (Die wichtigste Frage im ganzen Gespräch!)
- Wie sind Sie darauf gekommen, und seit wann interessieren Sie sich für diesen Beruf?
- Welche Vor- und Nachteile sehen Sie an diesem Beruf?

Schlechte Antwort: *Meine Eltern haben mir geraten ... mein/e beste/r Freundin/Freund macht das ...*
Bessere Antwort: *Ich habe mich lange damit beschäftigt und bin auch da und dort gewesen, habe Gespräche mit ... geführt und meine Lehrer und ...(andere Personen) befragt ...*

3. Schule, Ausbildung und bisherige Tätigkeiten
(Interessen, Neigungen – Zusammenhang mit Berufswahl)

- In welchen Schulfächern haben Sie gute und in welchen schlechte Noten und warum?
- Wie sind Sie mit Lehrern und Mitschülern ausgekommen?
- Haben Sie bereits praktische Erfahrungen?

4. Persönlicher, familiärer und sozialer Hintergrund
(Testen des sozialen Umfeldes, etwa nach dem Motto: »Zeige mir deine Familie und Freunde, und ich sage dir, wer du bist!«)

Fragen nach Beruf und Arbeitgeber der Eltern, Geschwister und sogar der Freunde, bis hin zu tiefer gehenden Einbrüchen in die Intimsphäre (»Seit wann sind denn Ihre Eltern geschieden? – Welche Rolle spielt Alkohol in der Familie?«). Fragen nach Lektüre (Welche Tageszeitung? Welche Bücher?).

- Haben Sie einen Freund/eine Freundin? Wollen Sie heiraten?

Achtung: In dieser Fragerubrik werden die meisten aus arbeitsrechtlicher Sicht unzulässigen Fragen gestellt.

5. Gesundheit
(Evtl. gesundheitliche Einschränkungen der Leistungsfähigkeit und Einsatzmöglichkeiten, Allergien, s.o.)

6. Spezielle Test- und Prüfungsfragen
(Informiertheit, allgemeines und berufsbezogenes Wissen, evtl. unzulässige Erkundung der politischen Meinung)

- Welche tagespolitischen Ereignisse beschäftigen Sie?
- Wie könnte man die Arbeitslosigkeit abbauen?
- Wie stehen Sie zum Problem der Atomenergie?
- Fragestellungen aus dem künftigen Arbeitsgebiet (z.B. als Bankkaufmann: Was machen Sie, wenn ein Kunde ein Konto eröffnen will?)

7. Information für den Bewerber
die der Interviewer über Firma/Institution, Beruf und Ausbildung gibt

(Überprüfung von Interesse und Aufmerksamkeit/Imagepflege – Achtung: manchmal auch als selbst gestrickter Merkfähigkeitstest, die gegebenen Infos werden zu einem späteren Zeitpunkt des Vorstellungsgesprächs abgefragt).

8. Fragen des Bewerbers
(S.o., dient der Überprüfung des aktiven Interesses des Bewerbers – fragen Sie nicht zuerst nach dem Urlaub!)

9. Abschluss des Gesprächs und Verabschiedung
Siehe oben.

Fragen an Arbeitslose

Ein Vorstellungsgespräch aus der Arbeitslosigkeit heraus erfordert eine ganz besonders gute Vorbereitung. Es erwarten Sie einige besondere Fragen, u. a.:

- Wie kam es zu der Arbeitslosigkeit?

Hintergrund: Welche Verantwortung tragen Sie für Ihre Arbeitslosigkeit? Haben Sie mehr oder weniger daran Schuld? Was ist mit Ihnen los?
Hinweise: Bleiben Sie bei diesen Fragen gelassen, auch wenn es schwerfällt. Seien Sie auf Fragen dieser Art vorbereitet, und überzeugen Sie durch eine glaubwürdig und plausibel klingende Argumentation.
Schlechte Antwort: *Wenn damals der Müller nicht gewesen wäre, der hat mich so richtig reingeritten, und dann erst der Chef, der konnte mich noch nie leiden, ich hab aber auch immer ein Pech …*

Bloß keine Anklagen und Jammertiraden. Nichts aus dem »Nähkästchen« erzählen, selbst wenn Sie noch so unschuldig sind und Ihr Herz überläuft … Ihr Gegenüber wird es Ihnen nicht danken. Seien Sie gewarnt!
Bessere Antwort: *Ich wurde aufgrund der Sozialauswahlkriterien damit konfrontiert. Ich war noch relativ neu (alternativ: jung, hatte bessere Chancen auf dem Arbeitsmarkt, ohne Familie, die anderen schon sehr lange dabei …)*

- Wie lange dauert diese Arbeitslosigkeit bereits an? Wie oft haben Sie sich schon erfolglos beworben?

Hintergrund: Schwachstellen finden, Misstrauen.
Hinweise: Siehe vorherige Frage/Hinweise. Einerseits gilt es zu zeigen, dass Sie sich aktiv um einen neuen Arbeitsplatz bemüht haben, andererseits sind 100 Ablehnungen keine Empfehlung. Finden Sie das für Sie und Ihren Interviewpartner richtige Maß – etwa auch so: einige Bewerbungen laufen noch, die Ergebnisse stehen noch aus.

- Was haben Sie zwischenzeitlich gemacht?

Hintergrund: Was für ein Mensch sind Sie (aktiv/ruhig)? Haben Sie etwas unternommen (Bewerbungen) und/oder sich fortgebildet?
Hinweise: Wer von langem Ausschlafen, Urlaub und Wohnungsrenovierung erzählt, hat keine Chancen. Berichte von Aushilfsjobs bis Schwarzarbeit werden je nach Gesprächspartner und Temperament Ihr Image und damit Ihre Chancen für den Arbeitsplatz beeinflussen. Berichte über Fortbildungsmaßnahmen kommen auf jeden Fall gut an (z. B. Volkshochschulkurse).
Schlechte Antwort: *Na, Sie wissen sicherlich nicht, wie wenig Geld man so als Arbeitsloser zur Verfügung hat, da geht dann eigentlich nichts …*
Bessere Antwort: *Ich habe mir frühmorgens immer erst einmal die wichtigsten Jobbörsen angesehen, Anzeigen studiert … dann habe ich eine Fortbildung in/bei … gemacht …*

- Sind Sie förderungsberechtigt durch das Arbeitsamt?

Hintergrund: Zahlt das Arbeitsamt dem Arbeitgeber Geld für Sie? Lohnt sich für den Arbeitgeber das »Experiment«, Sie einzustellen?
Hinweise: Informieren Sie sich beim Arbeitsamt.

- Trauen Sie sich die Aufgabe wirklich zu?

Hintergrund: Wie ist Ihr Selbstwertgefühl, Ihr Selbstbewusstsein trotz Ihrer schwierigen Situation?

Hinweise: Verdeutlichen Sie, warum Sie sich die gestellten Aufgaben zutrauen können, ohne überheblich zu wirken. Bleiben Sie, obwohl es Ihnen sicherlich schwerfällt, (wenigstens) äußerlich ruhig und gelassen (und natürlich höflich).

Fragen an Führungskräfte

Hier gezielte Fragen, mit denen Führungskräfte in Vorstellungsgesprächen häufig konfrontiert werden.

- Was bedeutet Mitarbeiterführung?
- Wie definieren Sie die Hauptaufgaben einer Führungskraft?
- Welchen Führungsstil bevorzugen Sie?

Hintergrund: Haben Sie sich mit diesen Begriffen und der dazu geführten aktuellen Diskussion auseinandergesetzt? Wie ist Ihr Standpunkt, wie sieht Ihre persönliche Philosophie aus?
Hinweise: Zeigen Sie Kompetenz durch fundiertes Hintergrundwissen, das Sie prägnant in ein bis zwei Minuten zum Ausdruck bringen können.

- Was schätzen Sie: Wie lange brauchen Sie zur Einarbeitung in Ihr neues Arbeitsgebiet bei uns?
- Auf welchem Gebiet haben Sie noch größere Defizite, und was gedenken Sie dagegen zu tun?

Hintergrund: Wie realistisch ist Ihre Selbsteinschätzung, und wie gehen Sie mit kritischen Fragen zu Ihrer Person um?
Hinweise: Bei der ersten Frage wären Ihrerseits Hinweise auf eine erwartete Unterstützung und Kooperation durch den Arbeitgeber angemessen, auf die Sie in der ersten Zeit angewiesen sind. Natürlich haben Sie Defizite, die Sie wahrscheinlich nicht ganz überblicken und doch dank der betrieblichen Unterstützung sowie mit Hilfe Ihrer Fortbildungsbereitschaft schnell beheben können. Empfehlung: nicht kränken oder provozieren lassen, im Prinzip zustimmen und Mao zitieren: Handeln heißt Lernen. Also lebenslängliche Lernbereitschaft signalisieren.

- Was sind Ihre ganz persönlichen Lebensziele?
- Was möchten Sie persönlich für sich in naher/ferner Zukunft erreichen?

Hintergrund: Lebensplanung und Zielsetzungen beruflicher wie privater Art gehören zum Idealbild der »guten« Führungskraft.
Hinweise: Lernen, Leistung, Vorwärtskommen. Haben Sie ein Gespür dafür, was man hier wohl von Ihnen hören will. Achtung: Es geht primär um Berufliches – vermeiden Sie private Offenbarungen.

- Zurück in die Gegenwart: Welche Eigenschaften sollte Ihr potenzieller Nachfolger für Ihren alten Arbeitsplatz haben?
- Ganz allgemein: Welche Eigenschaften sollte Ihr Stellvertreter haben?

Hintergrund: Erneute (versteckte) Aufforderung zur Selbstcharakterisierung und Aufdeckung der Konflikte am jetzigen, alten Arbeitsplatz.
Hinweise: Verplauschen Sie sich nicht bei diesem Versuch, Konflikthintergründe an Ihrem aktuellen Arbeitsplatz zu erhellen. Die zweite Frage zielt noch einmal auf Ihre persönlichen Qualitäten, aber auch auf eventuelle Schwächen.

- Was zeichnet Ihrer Meinung nach eine gute Führungskraft aus?
- Was einen guten Vorgesetzten?
- Was einen guten Mitarbeiter?
- (Anschließend diese drei Fragen mit umgekehrtem Vorzeichen – »schlechte Führungskraft« usw.)
- Was schätzen Sie an Ihren Arbeitskollegen/Vorgesetzten – was nicht?
- Worin unterscheiden Sie sich Ihrer Meinung nach von Ihrem jetzigen Vorgesetzten?

Hintergrund: Haben Sie ein idealtypisches Anforderungsprofil – auch für Ihre eigene Person? Wissen Sie, worauf es ankommt? Wiederum: Wie gehen Sie mit schwierigen Fragen um?
Hinweise: Besonders heikel ist die letzte Frage. Der Unterschied liegt in der Position (Gehalt und Verantwortung). Zeigen Sie Wertschätzung für Ihren Vorgesetzten, machen Sie aber auch ggf. deutlich, dass Sie in bestimmten Situationen anders entschieden hätten. Zeigen Sie Respekt und die richtige Mischung aus Selbstbewusstsein und Loyalität.

Im Vordergrund des Auswahlgesprächs mit Führungskräften steht ganz besonders deren Persönlichkeit. Hier wird noch um einiges mehr der (vermeintliche) Small Talk regieren. Nichtsdestotrotz geht es auch bei dieser Personengruppe um die großen zehn Themen. Mehr dazu finden Führungskräfte in unseren speziellen Bewerbungsratgebern.

Frauenfragen – zum Umgang mit männlichen Vorurteilen

Über 50 Prozent der Frauen im Alter zwischen 15 und 65 Jahren sind in Deutschland berufstätig. In Spitzenpositionen von Wirtschaft, Industrie und Handel findet man dagegen nicht einmal 6 Prozent von ihnen. Selbst im öffentlichen Dienst ist die Quotierung nicht viel besser. Die Vorstellungsgespräche leiten in der Regel Männer.

Bei Vorstellungsgesprächen mit Bewerberinnen stehen die Themen Motivation, Kompetenz und Persönlichkeit noch deutlicher im Vordergrund. Die entsprechenden generellen Fragen haben wir Ihnen bereits vorgestellt.

Was wollen, was können Sie, und trauen Sie sich diese Aufgabe wirklich zu?, ist der möglicherweise skeptische Unterton des Interviewers. Mit welchen speziellen Fragen muss frau rechnen?

- Warum sollten wir uns gerade für Sie entscheiden?

Schlechte Antwort: *Diese Frage beantworten Sie sich besser selbst …*
Bessere Antwort: *Das sind meine Kompetenz-Stärken … daran sehen Sie, wie leistungsmotiviert ich bin … und dass ich in Ihr Team passe und man mit mir gut klarkommt, hoffe ich, spüren Sie selbst …*

»Warum sollten wir uns gerade für Sie entscheiden?« gibt Ihnen nochmals Gelegenheit, Ihre überzeugende Argumentation zusammenzufassen. Spätestens mit der folgenden Frage wird die spezifische »Frauenfragerunde« eingeläutet:

- Was sagt denn Ihre Familie dazu (Partner/Kinder, so Sie welche haben)?

Schlechte Antwort: *Da muss ich erst mal nachfragen …*
Bessere Antwort: *Die finden, das ist eine prima Idee und haben sofort ihre Unterstützung angeboten …*

- Wie regeln Sie das mit den Kindern (sofern Sie welche haben, die noch zu versorgen sind)? Oder den Haushalt?

Schlechte Antwort: *Das wird schon, das bekomme ich bestimmt in den Griff …*
Bessere Antwort: *Wissen Sie, wir haben das große Glück, meine (Schwiegereltern, Tanten etc.) wohnen ganz in der Nähe … für eine gute Versorgen ist also durch … gesorgt …*

- Wie stellen Sie sich Ihre Zukunft vor?
- Wie sieht Ihr Lebensplan aus?

Hintergrund: Solche Fragen haben noch einen etwas anderen Hintergrund für Sie als Bewerberin. Klar: Wenn Sie im heirats- und gebärfähigen Alter sind, geht es um die Themen Heirat und Kinder.
Hinweise: Bleiben Sie cool – lassen Sie sich nicht provozieren –, denn das ist es, was man unter anderem will: Sie aus der Fassung bringen. Bewältigen Sie diesen Teil des Frage-Antwort-Spiels mit Charme!

- Erzählen Sie etwas über Ihre aktuelle Lebenssituation.
- Wie sind Ihre Kinder versorgt, während Sie arbeiten?
- Wie sieht Ihre Familienplanung aus?

Hintergrund: Der Arbeitgeber befürchtet ökonomische Einbußen infolge von Fehlzeiten (Schwangerschaft, Krankheiten der Kinder etc.) der potenziellen Arbeitnehmerin. Eine andere Variante: Falls Sie einen Mann haben, der viel Geld verdient, wird Ihnen schnell mangelnde Arbeitsmotivation unterstellt.
Hinweise: Vorsicht! Die Frage zur aktuellen Lebenssituation, im Klartext: ob und mit wem Sie zusammenleben, geht den neuen Arbeitgeber nichts an. In der Regel jedoch wird danach gefragt. Ehefrau und drei reizende Kinder sind für einen männlichen Kandidaten ein gutes

Aushängeschild. Bei Frauen kann mittels dieser Frage die entscheidende Weiche für eine Absage gestellt werden. Seien Sie sehr, sehr gut vorbereitet, und stellen Sie unmissverständlich klar, dass Ihre Kinder während Ihrer beruflich bedingten Abwesenheit hervorragend betreut sind.

Anfragen nach der Familienplanung und nach einer bestehenden Schwangerschaft sind prinzipiell verboten. Hier dürfen Sie ungestraft lügen. Diese Fragen sind grundsätzlich nicht zulässig.

Nach einem Urteil des Europäischen Gerichtshofs vom 8.11.1990 (Rs. C – 177/88) ist die Frage nach einer Schwangerschaft selbst dann unzulässig, wenn sich nur Frauen auf den Arbeitsplatz bewerben. Diese Entscheidung hat bindende Wirkung. Damit ist die Frage nur noch für Stellen zulässig, die eine schwangere Frau nicht antreten könnte (z.B. als Mannequin oder Schauspielerin).

Ob Sie in absehbarer Zeit Kinder haben möchten oder wie Ihre Familienplanung überhaupt aussieht, sind ebenfalls unzulässige Fragen, die in Ihre Intimsphäre eingreifen. Also dürfen Sie auch hier so antworten, wie es für Sie vorteilhaft ist (Das Recht auf Lüge, s. S. 50ff.).

- Was sagt Ihr Lebenspartner zu Ihren Plänen?
- Wie können Sie Beruf und Familie miteinander vereinbaren?

Hintergrund: Welche Unterstützung haben Sie bzw. mit welchen Schwierigkeiten sind Sie zu Hause konfrontiert?
Hinweise: Für Bewerberinnen ist dies eine Frage, bei der die Antwort gut bedacht sein sollte. Frauen mit Kindern brauchen einen Mann, der hundertprozentig hinter den beruflichen Plänen seiner Partnerin steht, und sollten ihn auf jeden Fall als solchen darstellen, damit der potenzielle neue Arbeitgeber nicht daran zweifelt, dass der Partner im Notfall auch für die Kinder da sein wird. Die Realität lehrt jedoch, dass letztendlich meistens alles an den Frauen hängenbleibt… nicht nur bei Alleinerziehenden.

Aber auch für Bewerberinnen ohne Kinder kann die Frage nach der Einstellung des Partners zu Ihrer Berufstätigkeit eine Falle sein: Inwieweit würde der Partner beruflich zurückstecken, um seiner Frau eine Karriere zu ermöglichen? Ebenfalls nicht zu unterschätzen: Was würde bei einem berufsbedingten Ortswechsel des Partners passieren?

Denn auch wenn sich eine Trendwende abzeichnet – noch immer geben viele Frauen ihren Arbeitsplatz auf, wenn der Ehemann sich beruflich verändert.

- Wollen Sie sich wirklich beruflich engagieren, oder...?

Hintergrund: Klassisches männliches Vorurteil (»Meinen Sie es wirklich ernst, und wie ernst meinen Sie es?« – Stichwort Angst ...).
Hinweise: Eine Frage, die einem Mann so wohl nie gestellt würde, aber eventuell Ihnen als Bewerberin.

Wenn Sie sich während des Gesprächs durch die Frage nach Ihrem »wahren« beruflichen Engagement in die Enge getrieben sehen, heißt das oberste Gebot: cool bleiben. Was auch immer Sie sagen – es könnte zu Ihrem Nachteil ausgelegt werden. Deshalb gibt es dafür kein Patentrezept, Sie müssen einfach situationsbedingt reagieren und versuchen, die Bedenken Ihres Gegenübers zu zerstreuen ...

- Sind Ihre Kinder öfter krank?

Schlechte Antwort: *Aber nein doch, die sind nie krank ...*
Bessere Antwort: *Wir können in diesem Fall auf ... zurückgreifen. Das ist eine echte Hilfe und Entlastung ... das hat sich auch schon einmal bewährt ...*
Hintergrund: Nicht die Sorge um die Gesundheit Ihrer Kinder, sondern die Sorge um Ausfallzeiten und damit Kosten beschäftigt hier den Arbeitgeber.
Hinweise: Ihre Kinder haben Gott sei Dank die einschlägigen Krankheiten (und auch die Zähnchen) schon hinter sich ... Und Sorgen (Schule, Hasch): alles kein Problem bei Ihnen zu Hause, weil alles prima organisiert und in bester Ordnung ist. Jedoch Vorsicht vor zu glatter Darstellung und dem Neid, den man Ihnen entgegenbringen könnte.

Geldfragen – die erfolgreiche Gehaltsverhandlung

Bestandteil eines Vorstellungsgespräches ist natürlich auch die Gehaltsverhandlung. Wie schon angedeutet, sollten Sie das Thema Geld nicht zu früh ansprechen. Unter Umständen wird es erst in einem zweiten Auswahlgespräch verhandelt.

Dabei gilt: Sie werden den Job bekommen, wenn Sie nicht nur Problemlöser, sondern auch Gewinnbringer sind. Das bedeutet: Ihre kompletten Gehaltskosten (Jahresbruttogehalt mal etwa 1,9) macht deutlich weniger aus, als Sie dem Unternehmen einbringen. Auch deshalb ist es wichtig, sich mit dem Entlohnungssystem und Ihren Ansprüchen vorher gut auseinanderzusetzen.

Sicherlich ist es nicht ganz leicht für Sie, den Wert Ihrer Arbeitskraft realistisch einzuschätzen, wenn Sie z. B. als Bewerber/in nach einer längeren »Familienpause« wieder in den Beruf einsteigen. Wenn Sie Ihre Stelle wechseln möchten, haben Sie es einfacher: etwa 10 bis maximal 20 Prozent mehr als Ihr derzeitiges Gehalt sollten Sie von Ihrem neuen Arbeitgeber verlangen. Begehen Sie dabei nicht den Fehler, bei der konkreten Nachfrage nach Ihrem aktuellen Gehalt zu sehr zu mogeln – Personalchefs wissen in der Regel, was woanders gezahlt wird.

Verhandeln Sie immer über das Jahresgehalt, und verdeutlichen Sie sich, bevor Sie in die Verhandlung gehen, durch eine präzise Aufstellung sämtlicher Neben- und Sonderleistungen, wie sich Ihr Gehalt in Ihrer alten Firma zusammengesetzt hat. Nur so können Sie einen genauen Vergleich anstellen und sich entsprechend finanziell verbessern.

Gerade Frauen fällt es oft schwer, über ihr Gehalt und den Wert ihrer Arbeitskraft zu sprechen. Stärken Sie Ihr Selbstbewusstsein, und machen Sie sich vor der Verhandlung klar, dass Sie nichts zu verschenken haben und dass Sie sich keinen Gefallen tun, wenn Sie zu große finanzielle Zugeständnisse machen. Sehr häufig sind Frauen auch von dem Gedanken beherrscht, dass ihre Arbeitskraft weniger wert ist als die von Männern, weil sie weniger Energien in das Unternehmen einbringen können, da sie viel Kraft für ihre Familie aufwenden müssen. Befreien Sie sich von dieser Vorstellung! Erstens ist Ihre Familienarbeit von unschätzbarem Wert für die Gesellschaft und sollte nicht durch schlechte Entlohnung gleichzeitiger Erwerbsarbeit abgestraft werden, und zweitens gibt es keine Beweise dafür, dass Frauen mit

Kindern in ihrem Beruf weniger leistungsfähig sind als Frauen ohne familiäre Verpflichtungen.

Beispiel

»Wie hoch ist denn Ihr jetziges Einkommen?«, fragt der Personalchef den Bewerber nach etwa 45 Minuten Gesprächsdauer. Dieser hatte sich auf das Stellenangebot eines Hochbaukonzerns beworben. Gesucht wurde ein Bauingenieur mit spezieller Erfahrung im Brückenbau. Im ersten Telefonat wurde als Jahresanfangsgehalt eine Summe um die 60.000 Euro benannt. Nicht zu Unrecht befürchtet der Bewerber, dass bei Nennung seines jetzigen Gehalts – von knapp 40.000 Euro, also gut ein Drittel weniger als das Angebot dieses potenziellen Arbeitgebers – Zweifel an ihm als Kandidaten für die neue gehobene Position auftauchen würden.

Die 40.000 Euro Jahresgehalt waren für den Bewerber mit ein wichtiger Grund, sich nach einer neuen, besser bezahlten Position umzuschauen. Damals, vor dreieinhalb Jahren, noch quasi als Berufsanfänger, ein Jahr nach dem Hochschulabschluss, schien ihm die Bezahlung nicht so wichtig. Insbesondere das Aufgabengebiet bei der jetzigen Firma fand er seinerzeit attraktiv und den Einstieg wert.

Aufgrund verschiedener Einflüsse und Entwicklungen war für ihn der Zeitpunkt gekommen, sich nach einer neuen Position in einem anderen Unternehmen umzusehen. Dem Bewerber war klar, dass er sich mit der Frage auseinanderzusetzen hatte, wieso er bisher für lediglich 40.000 Euro Jahresgehalt gearbeitet habe. Er befürchtete nicht ohne Grund, dass die Konsequenz daraus bedeuten könnte, mit etwa 50.000 Euro bei einem Wechsel »eingekauft« zu werden. 60.000 Euro lagen also sehr deutlich über dem, was neue Arbeitgeber in der Regel in Relation zum vorherigen Gehalt zu zahlen bereit sind.

»Unzulässig ist ... die Frage nach der früheren Arbeitsvergütung (sie dient ja unter anderem dazu, eventuelle Lohnansprüche des Bewerbers zu dämpfen)«, so der Richterspruch.

Verrate mir dein Jahreseinkommen, und ich sage dir, was du wert bist. Nicht selten versucht der potenzielle Arbeitgeber, durch direktes Erfragen das aktuelle Gehalt, die Jahresbezüge des Bewerbers in Erfahrung zu bringen.

Dieser Kandidat mit derzeitigem Jahresgehalt von 40.000 Euro – so der Gedankengang – wäre wahrscheinlich auch mit einer Steigerung auf 45.000 bis 50.000 Euro zufrieden und damit für den Arbeitgeber »preisgünstiger« als ein anderer Bewerber. Aus diesem Grund findet sich bei Stellenangeboten häufig der Hinweis, man möge sich in seinem Bewerbungsschreiben auch zu seinen »Gehaltsvorstellungen« äußern.

Aber nicht nur bei einer größeren Differenz zwischen dem aktuellen Gehalt des Bewerbers und einer deutlichen Gehaltsverbesserung bei einer neuen Position gibt es Probleme, sondern besonders im umgekehrten Fall: ein Bewerber verdient gegenwärtig z.B. 35.000 Euro im Jahr und bewirbt sich auf eine Position mit im Jahr 30.000 Euro.

Der potenzielle Arbeitgeber wird sich über diesen freiwilligen Gehaltsverzicht wundern und den Bewerber möglicherweise nicht in die engere Wahl ziehen, da er davon ausgeht, dass bei einer Gehaltsverschlechterung die Motivation des Arbeitnehmers zu wünschen übrig lassen könnte.

Sind Sie als Arbeitnehmer in der schwierigen Situation, wechseln zu wollen (evtl. sogar wechseln zu müssen), und bereit, auch einen gewissen Gehaltsabschlag dafür in Kauf zu nehmen, gehen Sie davon aus, dass man Ihnen mit Misstrauen begegnet. Ein sogenannter Gehaltsabstieg ist erklärungsbedürftig. Sie können schlecht argumentieren, Sie wollen weniger Stress, weniger leisten und deshalb gerne auch weniger verdienen. Am besten, Sie lassen es Ihren neuen Arbeitsplatzanbieter nicht wissen, dass Sie bereits mehr verdient haben. Denn: gute, überzeugende Begründungen für diesen freiwilligen Verzicht gibt es eigentlich nicht, es sei denn, die Konjunktur, die Branche, Ihre schon länger andauernde Arbeitssuche (oder gar Arbeitslosigkeit) oder ein persönliches Engagement (die Pflege Ihrer alten, kranken Eltern) erfordern eine neue marktangemessene Orientierung.

Es gibt also gute Gründe, einem potenziellen neuen Arbeitgeber sein derzeitiges Gehalt nicht sofort und detailliert zu offenbaren.

»Wie hoch ist Ihr Einkommen zurzeit?«, fragt der Personalchef den Bewerber.

»Ich kann mir gut vorstellen, mit den von Ihnen im Telefonat angeboten 60.000 Euro p.a. zunächst auszukommen«, antwortet der Bewerber.

»Wie darf ich das verstehen, wie meinen Sie das?«, fragt der Personalchef.

»Wenn ich gesagt habe ›zunächst‹, dann gehe ich davon aus, dass sich im Laufe der Zeit vielleicht weitere Gehaltssteigerungen ergeben werden.«

»Aber sicher doch, selbstverständlich«, bemerkt der Personalchef, »wenn Sie die Leistung bringen«, und setzt noch einmal nach: »Wie sieht denn Ihr aktuelles Monatseinkommen aus?«

»Nun, also, meine Jahresbezüge bei meinem jetzigen Arbeitgeber unterscheiden sich schon etwas von dem, was Sie in Ihrem Angebot benannt haben. Gibt es bei Ihnen im Hause bereits Vorstellungen, wann Sie bereit wären, über eine Gehaltsverbesserung – z.B. im Anschluss an die Einarbeitungszeit – nachzudenken?«

Wieder ist der Personalchef beschäftigt und hoffentlich abgelenkt. Es ist nicht unwahrscheinlich, dass es dem Bewerber auf diese Weise gelingen könnte, das Gespräch von der Frage nach seinen aktuellen Bezügen wegzuführen, ohne sich offenbart zu haben bzw. lügen zu müssen (vgl. S. 50ff.).

Damit soll aufgezeigt werden, dass es durchaus gelingen kann, sich beim Thema »aktuelles Gehalt« in Relation zum potenziellen neuen Gehalt nicht sofort in alle Karten schauen zu lassen.

Natürlich kann man sich als Bewerber auf die direkte Frage nach den aktuellen Bezügen nur schlecht verweigern und den »stummen Fisch« markieren. Andererseits sitzt Ihnen weder ein Finanzbeamter der Steuerfahndung gegenüber noch Ihr Steuerberater, sodass Sie sehr wohl etwas großzügiger und weniger präzise auf- bzw. abrunden können und ggf. auf weitere Vergünstigungen, Sozialleistungen besonderer Art, Extras usw. hinweisen dürfen oder diese überschlägig mit einrechnen können, um den Jahreseinkommensbetrag schön gerundet zu präsentieren.

»Ich erwarte im Jahr mindestens 60.000 Euro« wäre auch eine Antwortmöglichkeit auf die Frage nach den konkreten Jahresbezügen.

Es liegt auf der Hand, dass ein Arbeitnehmer, der seinen Arbeitsplatz wechseln möchte, damit die Hoffnung verbindet, auch sein Einkommen zu verbessern. Insbesondere bei einer stärker ausgeprägten Karriereorientierung ist ein Wechsel, der sich auch auf die

Bezüge auswirkt, die natürlichste Sache der Welt. Eine Verbesserung von etwa 15 Prozent ist dabei für den Um- bzw. Neueinstieg der Regelfall.

Sollten Sie dagegen bereit sein zu wechseln, und Ihr Gehalt würde sich um weniger als 10 Prozent verbessern, erzeugen Sie als Kandidat Misstrauen (Hintergedanken: Was motiviert den Bewerber wirklich, welche Probleme hat er am jetzigen Arbeitsplatz, dass er für nur 5 Prozent mehr Gehalt bereit ist zu wechseln?).

Wer dagegen gleich zwei oder mehr Stufen auf einmal nehmen will und einen Wechsel anstrebt, der mehr als 20 Prozent einbringt, provoziert Überlegungen seines potenziellen neuen Arbeitgebers, ob er das Geld auch wirklich wert ist bzw. ob nicht etwas weniger auch ausreichend wäre. Dies wird dann schnell gerechtfertigt durch Argumente wie Alter, Erfahrung, Einarbeitungszeit u. Ä. Auf jeden Fall lassen sich immer Gründe ins Feld führen, warum Sie nicht der richtige, der ideale Kandidat für diese Position sind. Oftmals finden diese Überlegungen bereits beim Bewerber selbst statt, der mit 30.000 Euro Jahresgehalt vor Anzeigen zurückschreckt, die ihm evtl. 60.000 Euro anbieten, obwohl der beschriebene Arbeitsplatz durchaus seiner Qualifikation entspricht. Hier verhindert die »Schere im eigenen Kopf« bereits bei vielen Bewerbern eine deutlichere Gehaltsweiterentwicklung.

TIPP

Zur Vorbereitung auf das Bewerbungsverfahren gehört eine Marktanalyse unter dem Aspekt »Was wird gezahlt – was ist meine Arbeitsleistung wert?«. Informationen dazu erhalten Sie bei Berufs- und Interessenverbänden, Gewerkschaften, in Wirtschaftszeitungen bzw. -zeitschriften (z. B. *Capital, Wirtschaftswoche, Handelsblatt,* die regelmäßig Übersichten abdrucken, was in den verschiedenen Branchen und Positionen verdient wird) und im Internet. Nun liegt es bei Ihnen, die eigenen Fähigkeiten, Ihren Erfahrungsschatz zu »taxieren« und ein Preismarketing für Ihre »Ware« Arbeitskraft vorzunehmen.

Ob Sie nach der Maxime handeln »Qualität ist kein Zufall und hat ihren Preis« oder »Bescheidenheit ist eine Zier«, bestimmen zunächst einmal Sie selbst. Erfahrungen zeigen: Wer sich als Bewerber eindeutig unter Wert anbietet, wird nicht geschätzt. Wer sich überschätzt, hat es sicher auch nicht leicht, aber es ist oftmals leichter, einen Kredit über 5 Millionen Euro zu bekommen als einen über 50.000 Euro.

Gesprächsführung und Gesprächspsychologie

Klar: Im Vorstellungsgespräch stehen Sie als Bewerber auf dem Prüfstand. Jedoch nicht alleine. Auch Sie haben die Gelegenheit, Ihr Gegenüber genauer kennenzulernen und dessen Persönlichkeitsstruktur und Umgangsstil zu beurteilen. Es geht also darum, abzuschätzen, ob Sie das Arbeitsplatzangebot annehmen wollen.

Dazu ist es hilfreich, wenn wir Sie auf einige Punkte hinweisen, die in einem solchen Gespräch immer wieder mitschwingen – auch wenn sie eigentlich irrational sind.

Die Vergangenheit in der Gegenwart – das Phänomen Übertragung

In jeder zwischenmenschlichen Begegnung werden Gefühle ausgelöst. Manchmal auf den ersten Blick so starke, dass der weitere Verlauf der Begegnung davon beherrscht wird. Ob Liebe auf den sprichwörtlich »ersten Blick«, spontane Antipathie oder etwas irritierend Diffuses dazwischen – nicht immer ist es leicht, dafür eine Erklärung zu finden. Bisweilen kann es am Geschlecht, am Alter, der sozialen Schicht, am Äußeren, an Funktion und Rolle der betreffenden Person festgemacht werden. Diese Faktoren beeinflussen entscheidend den Verlauf der weiteren Kommunikation.

Eine tiefer gehende Erklärung für in Gesprächen spontan aufwallende Gefühle findet man in der Kindheit. Sie sind in einem fundamentalen psychologischen Phänomen begründet: der Übertragung. Wir alle neigen dazu, Gefühle, Wünsche, Einstellungen und Erwartungen, die wir damals als Kind gegenüber wichtigen Personen unserer unmittelbaren Umgebung hatten (primär bezogen auf die Eltern, aber auch

Geschwister), unbewusst an Personen der Gegenwart zu wiederholen. Wir übertragen also auch im Vorstellungsgespräch – ohne diesen Mechanismus bewusst zu steuern – Gefühle und Wünsche aus der Vergangenheit auf den oder die Menschen, mit denen wir es in dieser Situation zu tun haben.

Während wir mit dem aktuellen Gesprächspartner sprechen, ist sozusagen eine weitere für uns bedeutsame Person aus der Vergangenheit imaginär anwesend, zu der wir gleichzeitig reden.

So könnte z. B. unser verkrampft vorgetragenes Bemühen, den als reserviert-kühl erlebten zukünftigen Chef im Vorstellungsgespräch von unseren Qualitäten zu überzeugen, etwas aus der Vergangenheit widerspiegeln: die kindliche Anstrengung, den skeptisch-distanzierten Vater zur Anerkennung unseres eigenen Wertes zu bringen.

Unsere emotionalen Erfahrungen aus der Vergangenheit mit dem Vater übertragen wir hier auf den neuen potenziellen Vorgesetzten. Die Folge ist zum einen eine Wahrnehmungsverzerrung (der Chef erscheint wahrscheinlich kühler, als er in Wirklichkeit ist) und zum anderen eine unangemessene Verkrampfung im eigenen Auftreten.

Auch von Seiten Ihrer Gesprächspartner kann es im Vorstellungsgespräch zu derartigen Übertragungsphänomenen kommen: Aus Sicht des männlichen Personalchefs könnte es z. B. in der Bewerbungssituation unbewusst und unabhängig vom Alter einer Bewerberin zu einer Wiederbelebung der Sohn-Mutter-Beziehung kommen, die – so die Erfahrung von Psychotherapeuten – in der Regel alles andere als problemlos verläuft. So wäre es z. B. denkbar, dass ein männlicher Gesprächspartner das unbewusste Bedürfnis hat, sich einer Bewerberin gegenüber so distanziert und abgrenzend zu verhalten, wie er das gegenüber seiner Mutter tat (bzw. gern getan hätte). Hatte er in der Kindheit Probleme mit seiner Schwester oder hat er gerade Streit mit seiner Frau, kann es passieren, dass auch in diesem Fall die Bewerberin etwas abbekommt, was gar nicht ihr persönlich gilt.

Machen Sie sich bewusst: In der Bewerbung als einer klassischen Prüfungssituation sind solche (hier nur kurz skizzierten) unbewussten Wiederholungen von früheren, »einschlägigen« Erfahrungen aus der Kindheit möglich. Dieses Übertragungsgeschehen funktioniert in allen denkbaren Richtungen und auf allen Ebenen, also von Bewerber zu Auswähler und umgekehrt, von Sohn zu Vater wie von Vater zu Sohn etc.

TIPP

Stellen Sie sich folgende Frage als mentale Vorbereitung auf das Vorstellungsgespräch: Welche Beziehungsmuster und Konstellationen aus der Kindheit könnten sich bei Ihnen in der Situation des Vorstellungsgesprächs unbewusst wiederholen und damit das Gespräch auf emotionaler Ebene verkomplizieren?

Unter mehr als vier Augen – das Gruppengespräch

Halten wir noch einmal fest: Im Vorstellungsgespräch geht es dem potenziellen neuen Arbeitgeber primär darum, persönliche und anforderungsbezogene Eignungsmerkmale des Bewerbers festzustellen. Die bisherigen Informationen (Bewerbungsunterlagen/ggf. Testergebnisse) sollen ergänzt werden durch einen persönlichen Eindruck, den man von Ihnen als Bewerber/-in im Vorstellungsgespräch erhalten will.

Bei Vorstellungsgesprächen ist zu unterscheiden zwischen Einzel- und Gruppengesprächen. Die Gesprächsdauer ist unterschiedlich und schwankt je nach Bewerberanzahl und zu besetzender Position zwischen einer halben bis zu mehreren (drei, vier) Stunden. Unter der klassischen Vorstellungsgesprächssituation stellt man sich ein Vieraugengespräch vor: (Personal-)Entscheider (oder in einer Vorstufe: Personalberater) und Bewerber sitzen sich gegenüber.

Möglich sind auch andere Konstellationen: Der einzelne Bewerber sitzt zwei oder mehr Personen gegenüber – einem Auswahlgremium (z.B. der Firmeninhaber und ein leitender Angestellter, Personalberater, Personalchef und Abteilungsleiter, mehrere Personalreferenten und Betriebspsychologen, Betriebsratsmitglieder bis hin zu zukünftigen Kollegen und Mitarbeitern).

Bei Vorstellungsgesprächen mit mehreren Gesprächspartnern kann es verschiedene Konstellationen geben: Ein Gegenüber stellt sich zum Beispiel als besonders freundlich dar, ein anderer eher kritisch, der Dritte beobachtet lediglich. Diese Rollenverteilung ist kein Zufall. Sie ist sorgfältig vorbereitet und abgesprochen. Hier will man Ihnen auf den Zahn fühlen. Bleiben Sie ruhig und gelassen, und versuchen

Sie, möglichst zu allen – besonders zu dem freundlichen Gesprächspartner – einen guten Kontakt aufzubauen (Blickkontakt, namentlich ansprechen, lächeln).

Schwierig wird es, wenn Sie als Einzelner mit mehr als vier Personen konfrontiert sind; fünf bis zehn Personen sind in Vorstellungsgesprächen nicht so selten, wie man es sich wünscht. Im psychosozialen Bereich beispielsweise entscheidet häufig das gesamte Team bei der Bewerberauswahl mit.

Denkbar – wenn auch zunehmend seltener praktiziert – ist eine andere Konstellation, bei der mehrere Bewerber einem Auswahlgremium gegenübersitzen. Das können z. B. drei Kandidaten sein, die drei Interviewer vor sich haben, es können aber auch zehn und mehr Bewerber sein gegenüber fünf oder sechs Auswählern (z. B. bei einem Assessment Center).

Sollten Sie in einer größeren Bewerbergruppe antreten, bietet Ihnen das u. U. den Vorteil, von der Präsentationstechnik Ihrer Mitbewerber (also wie die es machen) zu profitieren. In der Regel beginnt so ein Gruppengespräch mit der freundlichen Aufforderung, jeder möge sich kurz vorstellen. Manchmal wird an die Vorstellung eine zusätzliche Aufforderung geknüpft (z. B.: »Stellen Sie sich bitte kurz vor, und erzählen Sie uns, warum Sie sich hier beworben haben«).

Hintergrund dieser Gruppenvorstellungsrunde ist der Wunsch, die Bewerber miteinander zu vergleichen, sie in eine Konkurrenzsituation zu versetzen, um dadurch Informationen über den Einzelnen zu bekommen. Im Wesentlichen geht es um das Sozialverhalten, die soziale Kompetenz.

Ein anderer Aspekt auf Unternehmensseite ist die Ökonomie: Aus einer Gruppe werden relativ schnell die Wunschkandidaten (drei bis fünf) »herausgesiebt«. Insbesondere bei Vorstellungsgesprächen im Rahmen eines firmen- bzw. institutionsinternen Aufstiegsverfahrens werden Gruppenauswahlgespräche wie eben beschrieben sehr häufig angewandt.

Wer als Bewerber in einem derartigen Gruppengespräch z. B. bei der Vorstellung den Anfang macht oder »Schlusslicht« ist, hat es deutlich schwerer als die anderen. Die Positionen im ersten oder letzten Drittel bieten bessere Chancen. Am Anfang ist die Aufnahme- und Zuhörbereitschaft des Auswahlgremiums höher. Gegen Ende hat man die Chance, durch einen Beitrag, der sich von den bisherigen angenehm unterscheidet (was sicherlich nicht leicht ist!), Aufmerksamkeit und Kurzzeitgedächtnis der Auswähler zu erobern.

Für diejenigen, die die Rolle des »Alpha«- oder »Omega-Huhnes« wahrnehmen, gilt unsere Empfehlung: Sprechen Sie die Anfangs- bzw. Endposition humorvoll an (»Einer muss ja den Anfang machen, ich will mich nicht in den Vordergrund drängen, aber …«/»Den Letzten beißen die Hunde, aber einer muss ja das Schlusslicht bilden …«). Wenn es Ihnen gelingt, Schmunzler oder sogar Lacher auf sich zu ziehen, sammeln Sie Pluspunkte.

Während der Gruppenvorstellung können Sie wahrscheinlich den Versuch verschiedener Bewerber beobachten, sich in den Vordergrund zu spielen, um sich zu profilieren. Sich geschickt in Szene zu setzen ist eine Kunst, die nur wenige Bewerber beherrschen. Es ist nicht von Nachteil, hier eher eine gewisse Zurückhaltung an den Tag zu legen, ohne allerdings in das andere Extrem des »stummen Fisches« zu verfallen.

Der Auswählergruppe geht es unter anderem darum, die soziale Interaktion, das Miteinander-Umgehen der Bewerber zu beobachten. Hieraus werden verschiedene Rückschlüsse gezogen, z. B. auf Teamfähigkeit, Durchsetzungsvermögen, Anpassungsbereitschaft usw.

Frage- und Antworttechniken

Wer gezielt fragt, der führt – wer geschickt antwortet, der gewinnt

In diesem Abschnitt wollen wir auf knifflige Fragen eingehen und wie Sie diese als Bewerber geschickt beantworten.

Wie ein Vorstellungsgespräch abläuft, können Sie zwar nicht allein bestimmen, aber doch wesentlich durch Antworten, Bemerkungen und Fragen steuern. Dabei ist zunächst die Information wichtig, wie viel Zeit für Ihr Vorstellungsgespräch vorgesehen ist.

Ob Sie zwanzig Minuten oder zwei Stunden für Ihren »Auftritt« haben, macht einen wesentlichen Unterschied in der Gestaltung.

TIPP

Generell gilt: Führen Sie das Gespräch defensiv. Sie sind der Bewerber, der die meisten Fragen zu beantworten hat. Versuchen Sie nicht, die Rollen umzukehren und z. B. immer wieder mit Gegenfragen zu kontern.

Wichtig: Machen Sie sich bewusst, es gibt oftmals die Möglichkeit, Fragen (insbesondere bei den kniffligen Themen) von zwei Ebenen aus zu begegnen. Die eine ist die *berufliche*, die andere ist die *private* Ebene, von der aus Sie die Ihnen gestellten Fragen beantworten können.

Die Standardfrage: *Was sind Ihre Stärken?* würden Sie in einer solchen Vorstellungsgesprächssituation intuitiv mit etwas Beruflichem (also von der *beruflichen Ebene* aus) beantworten (z. B. *Ich bin ehrgeizig*). Sie kämen wohl kaum auf die Idee, mit: *Ich bin ein guter Liebhaber …* zu antworten (was ja wohl die private Ebene wäre).

Anders aber bei einer Frage in Richtung: *Was sind Ihre Schwächen?* Da ist es viel geschickter, mit einer harmlosen, eher privaten Schwäche anzufangen (beispielsweise: Ich hebe viele Dinge auf, man weiß nicht, wann man so etwas doch mal wieder gebrauchen kann ... Meine Frau sagt, zu viele Dinge ...), statt gleich zugeben zu müssen, die PC-Kenntnisse lassen zu wünschen übrig ...

Verdeutlichen Sie sich, bei welchen Fragen Sie ganz bewusst auf eine andere Ebene ausweichen werden, als man es von Ihnen erwartet. Das ist Ihr gutes Recht, und so gewinnen Sie Zeit, bleiben keine Antwort schuldig und machen durchaus eine gute Figur, ohne sich – insbesondere in heiklen Bereichen – total zu offenbaren.

Der Klassiker ist die oben schon vorgeführte Frage nach den Dingen, mit denen Sie unzufrieden bis unglücklich sind, die Sie belasten, die Sie selbst bei sich gerne ändern würden etc. Hier ist ein kurzer Ausflug auf die private Ebene (Spanisch lernen, weil Sie dort immer wieder hinfahren, mit dem Naschen aufhören ... Bach- von Mozart-Kompositionen unterscheiden lernen) geschickt und liefert hoffentlich weniger Material, das gegen Sie Verwendung findet, als wenn Sie mal so richtig ausholen und sich total in allen Schwächen offenbaren.

Da Sie gut vorbereitet sind, können Sie auf die wichtigsten Fragen (s. Fragenkatalog S. 55ff.) überzeugend und knapp, aber gut formuliert antworten. Dies geschieht immer in Relation zu der Zeit, die Ihnen zur Verfügung steht, bedeutet jedoch nicht, dass Sie ständig reden bzw. Auskunft geben müssen.

Ganz im Gegenteil, bis zu etwa 80 Prozent der Gesamtzeit – so zeigen wissenschaftliche Untersuchungen – verbringen Sie im Vorstellungsgespräch mit Zuhören, d.h., Ihr Gegenüber spricht. 80 Prozent Interviewer-Redezeit sind zwar nicht die Regel, dennoch: Lassen Sie Ihren Gesprächspartner reden, und hören Sie aufmerksam zu. Wenn es Ihnen gelingen sollte, einige verständnisvolle, kurze Zwischenbemerkungen zu machen oder bestätigend zu nicken, sammeln Sie Sympathiepunkte.* Es kann aber auch umgekehrt ablaufen, weil man Sie, den Bewerber, zum Sprechen bringen will und Ihnen 90 Prozent Redeanteil zukommen lässt. Dann macht sich Ihre gute Vorbereitung

* Diese Technik der positiven Verstärkung von sprechenden Personen ist sehr gut bei Fernsehjournalisten zu beobachten, die ihre Interviewpartner durch zustimmendes Kopfnicken ermuntern, in ihrem Redefluss fortzufahren, mag der Inhalt auch fragwürdig sein ...

(Stichworte: Kommunikationsziel, Botschaften und Argumente, s. S. 37 und 44ff.) »bezahlt«.

Mit Fragen kann man ein Gespräch hervorragend lenken; gute Fragen zu stellen ist dabei weitaus schwieriger, als sie zu beantworten. Eine beliebte Gesprächstechnik beinhaltet den Einsatz sogenannter offener Fragen. Klassisches Beispiel: »*Wir wollen Sie gern kennenlernen. Erzählen Sie uns doch bitte mal etwas über sich.*«

Unter Rhetorikfachleuten gilt die offene Frage als Königin der Dialektik. Sie erlaubt dem Gefragten nicht, einfach mit Ja oder Nein zu antworten wie bei der geschlossenen Frage, sondern provoziert längere Antwortsätze, eine ausführlichere verbale Darstellung. Genau darauf kommt es dem Frager an, denn je mehr sein Gegenüber spricht und vielleicht unwillkürlich seinen freien Assoziationen folgt, desto mehr an Information erhofft sich der Interviewer.

Beispiele

Die geschlossene Interviewerfrage: »*Hatten Sie an Ihrem letzten Arbeitsplatz persönliche Schwierigkeiten?*« ist heikel (Fragehintergrund: Bewerbermotive für Arbeitsplatzwechsel, Hypothese: schwieriger Mensch), würde aber den Bewerber schnell mit Nein (ggf. »Nein, keine«) antworten lassen, und schon wäre der Ball zurückgespielt, und der Interviewer müsste eine neue Frage stellen.

»*Mit welchen persönlichen Schwierigkeiten mussten Sie sich an Ihrem letzten Arbeitsplatz auseinandersetzen?*« hat den gleichen Fragehintergrund, ist jetzt aber als »offene« Frage gestellt. Niemand kann hier mit einem schlichten Nein antworten.

Wenn diese Fragetechnik professionell angewandt wird, der Befragte Raum und Zeit hat, ausführlich zu berichten, und der Interviewer die Ausführungen des Bewerbers durch eine freundliche Miene, Kopfnicken und zustimmende Äußerungen begleitet, können in der Regel optimale Informationsgewinne erzielt werden. Noch effektiver präsentiert man als Interviewer die eingangs formulierte Frage nach den persönlichen Schwierigkeiten am letzten Arbeitsplatz so:

»*Wie haben Sie es erfolgreich geschafft, persönliche Schwierigkeiten, die man Ihnen am letzten Arbeitsplatz gemacht hat, gut zu überwinden?*«

Zunächst: Wer wüsste nicht als Arbeitnehmer von solchen Problemen ein Lied zu singen? Trotzdem ahnen Sie bereits, wie heikel diese Frage ist.

Durch die gut vorgetragene und positiv verpackte Frage werden sich zwei Drittel der Bewerber verführen lassen, Dinge zu erzählen, die im Vorstellungsgespräch mit einem potenziellen neuen Arbeitgeber auf keinen Fall erwähnt werden sollten. Das hängt natürlich auch mit der besonderen Drucksituation zusammen, die in einem solchen Gespräch besteht.

Die eben beschriebene Fragetechnik stellt einen durchaus kritischen Sachverhalt (persönliche Schwierigkeiten) in den Hintergrund und »verkauft« deren erfolgreiche Überwindung dem Gefragten als gute Gelegenheit, sich selbst darzustellen. Auf diese Art von »Verführung« fallen viele Bewerber herein. Der Verschiebung der Aufmerksamkeit auf einen weniger heiklen »Nebenkriegsschauplatz« – in diesem Fall auch noch positiv verpackt (Durchsetzungsvermögen) – ist sicherlich nicht leicht zu widerstehen.

Entscheidend bleibt aber trotz aller Fragen und gesprächstechnischen Raffinessen, was Sie von sich und über Ihre Arbeit erzählen, was Sie preisgeben wollen. Das bedarf einer intensiven Vorbereitung und Reflexion.

Ein weiteres Beispiel: *»Wo sehen Sie für sich noch weiteres Entwicklungspotenzial?«*

Wer wüsste hier nicht einiges aufzuführen, mit gutem Gefühl!

Nicht so bei der Frage: *»Wo sehen Sie für sich noch Defizite und wann wollen Sie sich diesen stellen?«*

Zur Problematik der »heiklen Fragen« finden Sie noch ausführliche Hinweise in nachfolgenden Kapiteln (ab S. 110ff.): Umgang mit unangenehmen Einwänden gegenüber Ihrer Person, dem sogenannten Stressinterview und juristisch unzulässigen Fragen, die man Ihnen zumuten könnte.

Kommen wir zu der offenen Aufforderungsfrage zurück:

»Wir wollen Sie gern kennenlernen. Erzählen Sie uns doch bitte mal etwas über sich.«

Dieser so nett vorgetragenen Bitte wird sich der Bewerber kaum entziehen können oder sogar wollen und ggf. weit ausholen. Wer hier jedoch bei seiner frühesten Kindheit, Schul- und Ausbildungszeit etc. anfängt, um nach 15 Minuten bei Höhepunkten seiner beruflichen Laufbahn angekommen zu sein und dann noch willig sein Privat- und

Familienleben offenbart, langweilt und demonstriert, Wesentliches vom Unwesentlichen nicht unterscheiden zu können. Andere offene Fragen, z.B. »*Was ist wichtig in Ihrem Leben?*«, sind immer in Bezug auf den angestrebten Arbeitsplatz mit seinen spezifischen Aufgaben zu beantworten und nicht etwa Gelegenheit, in epischer Breite Einblick in die Privatsphäre zu geben (obwohl dies durchaus Ziel der Frage, Wunsch des Fragestellers sein kann).

TIPP

Wittern Sie nicht hinter jeder Frage eine Falle. Es geht darum, Sie kennenzulernen – und wer möchte nicht gerne wissen, mit wem er es zu tun hat. Sie doch auch ... Also nicht nur der Bewerber ist auf dem Prüfstand, der mögliche Arbeitsplatzanbieter ebenso, jedenfalls aus Ihrer Sicht!

Ausgebuffte Ausfragetechniken

Andere wichtige Fragetypen, die wir Ihnen vorstellen möchten:

- Faktenfragen
- Erzählfragen
- Beurteilungs-/Bewertungsfragen
- Handlungsfragen

Faktenfragen

Wie der Name schon sagt, werden damit schlicht Fakten abgefragt, z.B.

- Wo haben Sie nach Ihrer Ausbildung gearbeitet?
- Wie lange waren Sie bei der Firma XYZ beschäftigt?
- Was sind aktuell Ihre wichtigsten Arbeitsaufgaben?

Hier sollten Sie nicht lange um den heißen Brei herumreden, sondern kurz und knapp auf den Punkt kommen. Also nicht: »Ach ja, die Firma XYZ. Mein Gott, wenn ich an diese Zeit zurückdenke. Ja, kennen Sie da den Abteilungsleiter Herrn Schmidt, der hat mir mal sehr imponiert, als er kurz entschlossen ... blabla blabla.« Ermüden Sie Ihr Gegenüber nicht und verhindern Sie, dass man Sie als Schwätzer einstuft.

Erzählfragen

Man möchte Sie gerne zum Reden bringen, um möglichst viel von Ihnen zu erfahren. Ihr Gegenüber möchte sich ein Bild von Ihnen machen und sehen, was Sie von sich preisgeben. Typische Fragen:

- Erzählen Sie uns doch einmal etwas von sich. Wir möchten Sie gern näher kennenlernen.
- Wie kam es denn zu Ihrer Bewerbung bei unserem Unternehmen?
- Was sind Ihre größten Stärken und Schwächen?

Anders als beim ersten Typ geht es bei der Erzählfrage darum, etwas ausführlicher zu werden und nicht nur kurz und knapp ein, zwei Sätze anzubieten. Wenn man meint, genug von Ihnen gehört zu haben, signalisiert man das. Diese Art der Fragen dient dazu abzuchecken, wie leicht oder schwer es ist, mit Ihnen ins Gespräch zu kommen, kurz: wie es um Ihre kommunikativen Fähigkeiten bestellt ist. Ein paar Minuten sollten Sie am Stück berichten, erzählen können.

Beurteilungsfragen

Mit Bewertungs- und Einschätzungsfragen möchte man herausfinden, wie gut entwickelt Ihr Urteilsvermögen ist, ob Sie ein Gespür für Trends und Entwicklungen haben. Typische Einschätzungsfragen:

- Was glauben Sie, wie wird sich der Benzin-/Energiepreis langfristig entwickeln?
- Welche Maßnahmen sind geeignet, um den weiteren Preisverfall bei... einzudämmen?
- Wie beurteilen Sie die allgemeine wirtschaftliche Lage in unserer Branche?

Wieder sind Ihre kommunikativen Fähigkeiten gefragt. Mit Antworten wie: »Tja, gute Frage. Muss man mal sehen« sammeln Sie keine Pluspunkte. Erläutern Sie ausführlich, wie Sie die Lage einschätzen und wie Sie zu Ihrer Beurteilung (Einschätzung oder auch Bewertung) gekommen sind.

Bewertungsfragen

Sehr ähnlich sind auch die Bewertungsfragen. Haben Sie eine eigene, fundierte Meinung, und sind Sie auch mutig genug, diese zu vertreten, ohne sich erst zu vergewissern, ob Ihr Gegenüber dem zustimmt? Typische Bewertungsfragen sind z. B.

- Wie sehen Sie unsere Marktposition im Vergleich zu Mitbewerbern/zur Konkurrenz?
- Stichwort Umweltschutz – sind Sie für eine Sonderabgabe?
- Was halten Sie von unserem neuen Produkt?

Es ist wichtig, dass Sie klar und deutlich Ihre Meinung kundtun. Seien Sie mutig und stehen Sie zu Ihrem vorgetragenen Standpunkt. Aber denken Sie daran, dass es sich wirklich nur um *eine* Meinung handelt. Geben Sie auch keine Statements ab, die den Eindruck vermitteln, nur Sie haben den Duchblick à la »Sehen Sie, es ist doch folgendermaßen ...« Sagen Sie besser: »Ich persönliche denke ...« oder »Meiner Meinung nach ist es so und so ...« Damit bringen Sie zum Ausdruck, dass Sie eine eigene Ansicht haben, aber nicht rechthaberisch sind und durchaus andere Haltungen als die Ihre neben sich dulden.

Handlungsfragen

Um herauszufinden, ob Sie Probleme rasch analysieren können und schell auf »des Pudels Kern« kommen, stellt so mancher Interviewer gern Handlungsfragen. Beispiele:

- Wie würden Sie die Marketingkampagne für einen neuen (z. B. Joghurt) planen?
- Was kann man tun, um die interne Kommunikation innerhalb eines Unternehmens zu verbessern?
- Was müsste unternommen werden, um unsere Kunden noch fester an uns zu binden?

Fragen dieser Art sind typisch, um zu testen, wie Ihre analytischen und konzeptionellen Fähigkeiten sind. Denken Sie bei der Beantwortung daran, nicht alles im Alleingang zu bewältigen. Auch Delegationsbereitschaft und -fähigkeit sowie Teamorientierung könnte von Ihnen erwartet werden. Wie gelingt es Ihnen, andere mit einzubeziehen und zu motivieren? Auch daraufhin wird Ihre Antwort abgeklopft. Oft geht es bei derlei Fragen weniger um Inhalte und ihre tatsächliche Umsetzbarkeit. Viel interessanter ist es herauszufinden, was für ein Typ Mensch Sie sind. Sind Sie kooperativ, verträglich und passen Sie gut ins vorhandene Team, oder ist zu befürchten, dass Sie eher ein Querulant und eigenwilliger Kauz sind, womöglich Unruhe ins Unternehmen bringen?

Neben den eben aufgeführten vier Fragetypen existieren noch einige weitere, die im Vorstellungsgespräch eingesetzt werden:*

- Nach- und Konkretisierungsfragen
- Widerstands- bzw. Kontrapunktfragen zum gängigen Stereotyp
- Enthüllungsfragen (zirkuläre, projektive, abstrakte Fragen)
- Kettenfragen

Nach- und/oder Konkretisierungsfragen

Darunter sind Nachfragen zu verstehen, die es dem Personalentscheider erleichtern sollen abzuschätzen, ob der Kandidat sich nur oberflächlich vorbereitet hat und eventuell flunkert oder ob das von ihm Gesagte mehr persönliche Substanz enthält und somit der Wahrheit und Arbeitsalltagsrealität entspricht. Ein Beispiel hilft, dies zu verdeutlichen. Wie Sie bereits wissen, kommt es von Seiten des Auswählers zu der Frage:

- »Warum bewerben Sie sich bei uns ...?«

So oder ähnlich fragend bekommt der Personalauswähler eine Antwort des Bewerbers in Richtung:

»Ich suche eine neue Herausforderung..., sah Ihre Anzeige..., habe gehört..., kenne die Produkte/Dienstleistungen Ihres Unternehmens und möchte gerne bei Ihnen die Herausforderung annehmen...«

* Diese stammen aus dem Buch *Bewerber aus der Reserve locken* (Luchterhand 2000/2002) von Eberhardt Hoffmann, einem Personalpsychologen. Dieser rät Personalentscheidern, den Bewerbern deutlich schärfere Fragen zu stellen, da die meisten Fragen in unseren *Hesse/Schrader-Büchern* bereits veröffentlicht seien. (Danke für dieses Kompliment!)

Meistens wird hierauf aber wenig eingegangen und es folgt eine nächste Frage an den Bewerber, wie etwa

- Helfen Sie mir bitte, wie muss ich mir Ihre Situation vorstellen ...?
- Warum suchen Sie ..., lesen Sie die Stellenanzeigen?
- Wieso suchen Sie eigentlich eine neue Herausforderung?
- Was verstehen Sie unter einer neuen Herausforderung?
- In welcher Situation befinden Sie sich arbeitsmäßig momentan?
- Was konkret kennen Sie von uns ..., haben Sie über uns gehört ... etc.?

Die inhaltliche Qualität der Kandidatenantworten auf solche Nachfragen sollen eine bessere Abschätzung ermöglichen, ob es sich um ehrliche oder um eher nur taktische (einstudierte) Antworten handelt.

TIPP

Für Sie als Bewerbungskandidat liegt es also auf der Hand, durch sorgfältige Vorbereitung und Flexibilität im Denken solchen Nachfragen gegenüber souverän zu begegnen und inhaltlich etwas Ordentliches zu präsentieren. Dies gelingt Ihnen umso besser, je mehr Energie Sie in die Vorbereitung des Vorstellungsgesprächs und vor allem in das, was Sie als Botschaft vermitteln wollen (s. ausführlich S. 44) investiert haben.

Widerstands- und Kontrapunktfragen zum gängigen Stereotyp

Eine Frage wie beispielsweise: »*Wie stehen Sie zur Teamarbeit?*« wird zumeist stereotyp mit einer bejahenden, positiven Bewertung beantwortet.

Um herauszufinden wie Sie wirklich darüber denken, muss sich der geschickte Interviewer schon mehr einfallen lassen, z. B. mit folgenden Fragen:

- Wo sehen Sie die Grenzen für Teamarbeit?
- Wann ist aus Ihrer Sicht Teamarbeit nicht angezeigt?
- Welche Rahmenbedingungen müssen nach Ihrer Erfahrung vorhanden sein, damit Teamarbeit erfolgreich sein kann?
- Teamarbeit bringt auch immer wieder Probleme mit sich. Wo sehen Sie die Hauptprobleme, die Knackpunkte?

- Kann man wirklich in vielen Fällen von Teamarbeit sprechen, oder lügt man sich da nicht oftmals in die eigene Tasche?

Anhand der Fragebatterie merken Sie, dass Sie als Beantworter und Bewerbungskandidat nicht mit einem so einfachen Statement wie »Teamarbeit ist in der heutigen komplexen Arbeitswelt unbedingt notwendig und stets positiv zu fördern« davonkommen. Sollten Sie dennoch darauf stereotyp positiv reagieren, wird man Sie bestenfalls für unerfahren im Umgang mit Teamarbeit halten. Hier ist eine differenzierte Beantwortung notwendig und dabei werden Sie – zumindest wenn Sie nicht vorbereitet sind – eine Menge von sich und Ihrer Wertewelt preisgeben.

Das kann zu einem Problem werden, wenn Sie z. B. von Ihrer negativen Erfahrung im jetzigen Arbeitsteam sprechen, von den Kollegen, die sich als Ideenklauer profiliert haben, den Vorgesetzten, die nicht durchblicken, der allgemeinen Ungerechtigkeit und überhaupt ... Sie merken schon, was wir damit an Gefahren andeuten wollen (Regel: nie schlecht über andere sprechen!). Der kluge Beantworter weiß um die Aspekte und Problematiken und antwortet u. a. so:

- *Der Koordinierungsaufwand ist bei Teamarbeit nicht unerheblich.*
- *Teams benötigen eine längere Anlaufzeit, um produktiv zu werden.*
- *Es besteht immer die Gefahr, dass Einzelne ein Team dominieren.*
- *Konformitätseffekte können leichter in einer Gruppe auftreten.*
- *Entscheidungsprozesse können länger dauern, stets verschoben werden.*
- *Ein Einzelner kann sich als Trittbrettfahrer verstecken.*
- *Ein Profilneurotiker kann ein ganzes Team sprengen.*
- *Die Risikobereitschaft kann ungünstig erhöht sei.*

Das Konstruktionsprinzip dieses Fragetyps lautet: Auf welche Frage antwortet der Bewerber stereotyp wie alle Bewerber mit in etwa den gleichen Inhalten und Wertungen? Und wie reagiert er, wenn er genötigt wird, eine konträre Position zu formulieren oder mindestens zu kommentieren?

Hier wird nicht nur die Glaubwürdigkeit der Aussagen überprüft, sondern auch die geistige Flexibilität. Grund genug, sich vorher mit dieser Frageform zu beschäftigen. Entscheidend bleibt: Was wollen Sie von sich rüberbringen, und wie geschickt positionieren Sie Ihren Standpunkt? Achten Sie in jedem Fall darauf, nicht naiv aus dem Nähkästchen zu plaudern.

Die nachfolgenden drei Fragetypen gehören zu den *Enthüllungsfragen*, weil der unbedarfte Beantworter quasi eine Art seelischen Striptease vollzieht.

Zirkuläre Fragen

Dieser Fragetyp wird angewendet, wenn es um die Einschätzung der eigenen Person, der Stärken und Schwächen des Bewerbers geht, wie beispielsweise.

- Was schätzen Ihre Kollegen an Ihnen... was Ihr direkter Vorgesetzter ...?
- Was würde mir Ihr Chef über Sie nicht gerne so offen sagen ...?
- Was könnte ich im Arbeitszeugnis, das Ihr Vorgesetzter schreibt, über Sie lesen?
- Was mögen Ihre Kunden an Ihnen (nicht) so besonders gerne?
- Wie würde Ihr Vorgesetzter, Kollege, Ausbilder etc. Sie beschreiben ...?
- Was meinen/glauben Sie, würde die Person über Sie sagen/denken/meinen in Bezug auf ... etc. ...?
- Warum, glauben Sie, würde Ihr Vorgesetzter Sie so und so einschätzen?

Fragen dieser Art können unvorbereitete Kandidaten dazu verführen, unreflektiert zu plaudern. In einer Prüfungs- und damit Stresssituation, wie sie beim Vorstellungsgespräch üblich ist, kann dieser kleine gedankliche Umweg (Was würde XY über Sie zum Thema ABC sagen?) einen Bewerbungskandidaten weit öffnen.

Projektive Fragen

Diese Art ähnelt den eben beschriebenen zirkulären Fragen. Hierbei will man etwas von Ihnen erfahren und fragt Sie vordergründig, was Sie glauben oder zu wissen meinen, wie der/die/das ... denkt, handeln würde oder beispielsweise etwas einschätzt. Statt Sie direkt zu fragen, was Sie am liebsten in Ihrem Betrieb ändern würden oder kritisieren, bietet man Ihnen an, dieses stellvertretend über bzw. durch eine dritte Person zu äußern. Auch hier können übrigens Ihre Antworten intensiv hinterfragt und Sie um Konkretisierung gebeten werden. Beispiel:

- Womit sind Ihre Arbeitskollegen zurzeit besonders unzufrieden ...?
- Welche Prioritäten bei der Arbeit haben Ihre Kollegen/der Vorgesetzte ...?
- Was, denken Sie, kritisieren Ihre Kunden an dem Unternehmen, der Dienstleistung, den Produkten etc. ... gelegentlich, öfters, am häufigsten ...
- Beschreiben Sie bitte die Werthaltung Ihres Vorgesetzten.
- Wie stehen Sie dazu?
- Warum denken Sie dies bzw. das (im Kontext zur vorherigen Frage und Ihrer Aussage dazu) etc. ...?

Abstrakte Fragen

Ein andere Möglichkeit, Sie zum Erzählen zu bringen und bei Ihnen an viel »persönliches Material« zu gelangen, sind offene Fragen wie:

- Was ist Ihr Lebenstraum?
- Wovor fürchten Sie sich?
- Welche Ziele verfolgen Sie?
- Was ist Ihr Lebensmotto?
- Was sind Ihre Grundwerte?
- Was bedeutet Erfolg/Arbeit/Qualität etc. für Sie?
- Was können Sie nicht leiden, was bringt Sie zum Wahnsinn ... etc.?
- Worüber können Sie sich so richtig schön ärgern ...?

Das Prinzip ist klar. Wer hier erzählt, macht in der Regel bedeutsame Aussagen über sich und seine »(Werte-)Welt«, kurzum: der perfekte Persönlichkeitstest.

Besonders mit der Mischung: erst eine konkrete, dann eine abstrakte Frage kann man einen Bewerber aus der Reserve locken.

Ketten- oder mehrteilige Fragen

Dank dieses Fragetyps soll angeblich die »Mehrgleisigkeit« des Denkens eines Bewerbers überprüft werden können. Es geht dabei um die clevere Beantwortung solcher Fragen:

- Was war das bisher größte Problem in Ihrem Arbeitsleben und wie sind Sie damit umgegangen?
- Wer oder was hat Ihnen dabei geholfen, wie lange haben Sie gebraucht, um das Problem zu lösen, und welche Lehren für die Zukunft können Sie daraus ziehen?

Mittels einer zwei- oder dreigliedrigen Frage will man sehen, welchen Teil Sie zuerst beantworten (Rangfolge) und welchen eventuell nicht. Gut vorstellbar, dass es in dieser durch Anspannung gekennzeichneten Situation bei Ihnen nur zu Teilantworten kommt. Daher: Bleiben Sie ruhig und widmen Sie sich nacheinander jeder Fragestellung.

TIPP

Lassen Sie sich nicht provozieren, fragen Sie zurück, ob Sie eine Frage, die Ihnen merkwürdig vorkommt, richtig verstanden haben, und reagieren Sie mit Gelassenheit. Möglicherweise will man herausbekommen, wie Sie reagieren, wenn man Sie persönlich angreift, kritisiert und/oder hinterfragt. Noch etwas sehr Wichtiges: Sprechen Sie nie schlecht über andere Menschen (z. B. frühere oder heutige Vorgesetzte, Kollegen, Mitarbeiter etc.), auch wenn Sie allen Grund dazu hätten. Hier geht es um die Überprüfung Ihrer Loyalität.

Grundsätzlich gilt: Höflichkeit, Freundlichkeit, Blickkontakt, Bemühtheit und Interesse tragen wesentlich dazu bei, die Sympathiegefühle Ihres Gegenübers zu mobilisieren. Und: Behalten Sie beim Sprechen die Kontrolle über Ihren Körper: Wer mit der Hand vor dem Mund spricht, kann sich nur schwer verständlich machen, und wer sich alle Augenblicke nervös durchs Haar fährt, überzeugt nicht.

Rhetorik – wie Sie richtig überzeugen

Die Basisstrategie im Vorstellungsgespräch, die sogenannte Fünf-Satz-Argumentation, bietet ein gutes gedankliches Rüstzeug und nützliche praktische Orientierung. Sie leistet hervorragende Dienste, wenn Sie Ihre Statements situativ und hörerbezogen vortragen.

1. Benennen Sie klar und kurz Ihren Standpunkt:
   »Ich bin davon überzeugt, für die Aufgabe der richtige Kandidat zu sein.«
2. Präsentieren Sie Ihre Argumente:
   »Meine Qualitäten für diese Position sind …« (Fähigkeiten, Kenntnisse, Erfahrungen …)
3. Untermauern Sie dies durch Beispiele, Beweise:
   »Ich habe mit Erfolg z. B. … gemacht. Als Nachweis für … kann ich anführen …« usw.
4. Begegnen Sie möglichen Einwänden bzw. kommen Sie ihnen zuvor:
   »Sie werden jetzt denken … Ich aber versichere Ihnen …«
5. Ziehen Sie das Fazit:
   »Aus diesen Gründen (1., 2., 3.) traue ich mir die Aufgabe zu und werde sie bestimmt erfolgreich bewältigen.«

Beachten Sie bei dieser Vorgehensweise,

- dass Sie Ihre Munition (Argumente) nicht zu früh »verschießen«
- dass bei mehreren Argumenten das beste am Schluss, das zweitbeste am Anfang stehen sollte
- dass sich Ihr Gegenüber auf das schwächste Argumentationsglied Ihrer Kette konzentrieren wird

Wichtig: Wie Sie mit Einwänden umgehen, ist oftmals wichtiger und bringt mehr Sympathiepunkte als der vermeintliche argumentative Sieg. Begreifen Sie also den vorgebrachten Einwand immer auch als Wunsch nach Verständnishilfe, und unterstützen Sie das Orientierungsbedürfnis Ihres Gesprächspartners.

Wie Sie Einwänden am besten begegnen

Standardtechniken der Rhetorik sind die bedingte Zustimmung, die Umformulierungsmethode, die Verzögerungstechnik und die Vorteil-Nachteil-Methode.

Die bedingte Zustimmung

Darunter versteht man das Herausgreifen eines Teilaspektes des vorgebrachten Einwands, dem man aus taktischen Erwägungen (bedingt) zustimmt, um daraufhin seinen eigenen Standpunkt umso besser zu präsentieren. Im Anschluss daran relativiert man den vorgebrachten Einwand nun insgesamt und entkräftet ihn so. Dazu ein Beispiel:

Der Interviewer wendet ein, Sie seien für die verantwortungsvolle Position noch ein bisschen zu jung.

»Das ist ein wichtiger Punkt, den Sie da ansprechen. Sie haben recht. Ich bin XX Jahre alt. Sollte man aber die Vergabe dieser wichtigen Aufgabe alleine vom Alter des Bewerbers abhängig machen ...?«

»Nein, das sicherlich nicht ...«, wird die Antwort lauten ...

»Sehen Sie ..., ich bin ganz Ihrer Meinung. Es gibt da andere, wichtigere Kriterien, die ... Wir sind uns also darin einig, dass ... viel größere Bedeutung hat.«

Die Umformulierungsmethode

Hierbei wird der Einwand durch eine (tendenziöse) Umformulierung entschärft.

»Wenn ich Sie richtig verstanden habe ..., kommt es Ihnen auf die Erfahrung und – sagen wir mal – Reife an, die für die zu besetzende Position mit eine wichtige Rolle spielen sollte ...«

Jetzt können Sie mit Ihren Erfahrungen argumentieren, andere Kriterien in den Vordergrund rücken etc.

Die Verzögerungstaktik

Sie signalisieren, den Einwand verstanden zu haben, und bitten darum, zunächst noch ... dies und das ... sagen, erklären, zeigen, fragen zu dürfen, was Sie dann tun und was die ganze Sache möglichst voranbringt. In jedem Fall kommt das Gespräch zu einem anderen

Punkt, der den vorherigen Einwand hoffentlich vergessen, nicht mehr interessant erscheinen lässt.

»Eine interessante Frage, kann ich aber zunächst noch einmal darauf hinweisen, dass ...«

Die Vorteil-Nachteil-Methode

»Ich habe Sie doch richtig verstanden – bitte korrigieren Sie mich, wenn ich da etwas falsch erfasst habe –, Sie meinen also: das Alter sei für diese Position von wichtiger Bedeutung.

Da gebe ich Ihnen natürlich recht. Der Vorteil eines jüngeren Kandidaten liegt bei ..., der Nachteil eines älteren bei ... Aus meiner Sicht ist der Vorteil eines älteren ..., der Nachteil eines jüngeren aber nicht so gravierend, sodass ich hier den Standpunkt vertreten möchte: Der Vorteil eines jüngeren Kandidaten überwiegt doch ganz deutlich ... und ist natürlich auch abhängig von anderen Faktoren wie z.B. ...«

Hier wird scheinbar der gebotene Einwand aufgenommen, Vor- und Nachteile werden abgewogen. Da Sie das selbst formulieren, liegt das Ergebnis in Ihrer Hand und ist damit steuerbar. Dies hilft, Ihre Position auszubauen, und in dem Beispiel führen Sie – nicht uneigennützig – gleich weiter zu anderen argumentativen Positionen.

Das bringt uns unweigerlich zum Thema: Wie kommen Sie mit unangenehmen Fragen klar, wie verhalten Sie sich gegenüber Einwänden zu Ihrer Person?

Zum Umgang mit unangenehmen Fragen

Welche Fragen fürchten Sie im Vorstellungsgespräch? Machen Sie sich vorab eine Liste unangenehmer Fragen (»Angstfragen«), und versuchen Sie, wie bei den anderen Themen auch, sich Antwortmöglichkeiten im Vorfeld zu überlegen.

Reagieren Sie z.B. sehr zurückhaltend auf die Vorstellungsgesprächsfrage

- Was spricht gegen Sie als Bewerber für diese Aufgabe?

Denken Sie daran, wie meisterhaft es Politiker verstehen, auf unangenehme Fragen zu antworten. Da wird z.B. die Frage nach der Erklärung für eine erdrutschartige Wahlniederlage damit beantwortet, dass man sich zunächst einmal ganz herzlich bei den Wählerinnen und Wählern sowie den vielen Helfern für die außergewöhnliche Unterstützung und das entgegengebrachte Vertrauen bedankt und sich dann beklagt, wie aggressiv der Wahlkampf doch von der Gegenseite geführt wurde.

Heben Sie an dieser Stelle – bei der Frage, was gegen Sie als Bewerber spricht – eher noch einmal hervor, was für Sie spricht, und bieten Sie nach wohlkalkuliertem Zögern einen, maximal zwei Punkte an, die nicht wirklich gegen Sie sprechen.

Überlegen Sie sich das vorher genau, damit Sie in so einer kritischen Situation den bestmöglichen Eindruck machen und nicht unfreiwillig selbst den Stab über sich brechen. Manchmal kann es auch sinnvoll sein, einfach Einwände zu akzeptieren (zum Beispiel, dass Sie zu oft gewechselt haben), statt sich krampfhaft herauszureden. Offenheit kann manchmal auch entwaffnend und damit sympathiefördernd sein.

Standardeinwände gegen Bewerber sind: zu alt, zu jung, zu wenig erfahren, zu teuer, über- oder unterqualifiziert, zu lange am gleichen Arbeitsplatz, zu oft gewechselt, falsches Geschlecht, zu häufig krank (wird eher gedacht als ausgesprochen), zu kritisch, zu schüchtern, falsche (auch ehemalige) politische Überzeugung und/oder Parteizugehörigkeit usw.

Mit dazu gehören auch Fragen wie:

- Was würden Sie machen, wenn …?

Und dann folgen Horror- oder Katastrophenszenarien, fast unlösbare Aufgaben und Situationsbeschreibungen, die Sie aus dem Stegreif lösen oder doch wenigstens bearbeiten sollen.

Was immer man gegen Sie einwendet (wenn überhaupt offen), es kommt darauf an, wie Sie damit umgehen. Manche Interviewer leiten einen Provokationstest mit den Worten ein:

- Was würden Sie sagen, wenn wir Ihnen den Arbeitsplatz nicht anbieten, weil…

Hier empfiehlt sich folgende Strategie: »Darauf würde ich Ihnen antworten, dass ich Ihr Argument einerseits verstehe, andererseits bemerken möchte, dass …«

Im Grunde genommen geht es bei einer derartigen Fragetechnik darum zu sehen, ob und wie Sie Gelassenheit bewahren und mit solchen Fragen, Bemerkungen und Feststellungen sachlich-professionell umgehen können.

WICHTIGER HINWEIS

Wirkliche Einwände gegen Ihre Person wird man nie direkt mit Ihnen diskutieren!

Einem unangenehmen Seelen-Striptease können Sie aber auch entgehen, wenn Sie die Brisanz dieser neu formulierten und viel harmloser klingenden Fragen richtig erkennen und sich daraufhin von Ihrer Schokoladenseite zeigen. Wir zeigen Ihnen die alte und jetzt neue Formulierung …

- *Alt:* Was sind Ihre aktuellen Schwächen?
- *Neu:* Wo sehen Sie für sich noch Entwicklungspotenzial?

Vorsicht, Falle! Mit dem positiv klingenden Wort Entwicklungspotenzial will Ihr künftiger Arbeitgeber nur eins: Ihre Schattenseiten aufspüren. Erzählen Sie jetzt bloß nicht alles, was Ihnen spontan einfällt. Bieten Sie zwei Beispiele an: zunächst ein privates, dann, wenn Sie weiter aufgefordert werden, ein harmloses aus dem beruflichen Bereich. Beispielsweise können Sie leider Brahms von Mozart nicht unterscheiden und sind auch kein ausgesprochener Computerfreak – können aber alle Programme bedienen, die Sie für Ihren Job brauchen. So räumen Sie etwas ein, relativieren es aber sofort wieder.

- *Alt:* Was bieten Sie uns? Warum sollten wir uns für Sie entscheiden?
- *Neu:* Wovon wollen Sie mich überzeugen?

Lassen Sie sich von einer provozierenden Frage nicht aus der Ruhe bringen. Gehen Sie freundlich, aber bestimmt in die Offensive und antworten Sie, dass Sie hier sind, um Ihr Gegenüber von Ihren

Fähigkeiten zu überzeugen. Dann zählen Sie diese der Reihe nach auf.

- *Alt:* Welche Probleme hatten Sie an Ihrem vorherigen Arbeitsplatz?
- *Neu:* Was würde mir Ihr Vorgesetzter über Sie sagen, wenn ich ihn jetzt anriefe?

Diese Frage löst sehr schnell bei vielen Bewerbern Angst und Schrecken aus. Geben Sie jetzt bloß keine Unstimmigkeiten mit Ihrem Exboss oder den Kollegen zu. Zeigen Sie lieber, dass Sie nicht auf den Mund gefallen sind und sich in andere Menschen hineinversetzen können. Fangen Sie etwa so an: Ich weiß es zwar nicht ganz genau, aber er würde wahrscheinlich sagen … und dann fangen Sie ganz langsam an, sich von Ihrer Schokoladenseite zu präsentieren …

- *Alt:* Warum haben Sie kein besseres Arbeitszeugnis bekommen?
- *Neu:* Was steht aus Höflichkeits- und Kulanzgründen nicht in diesem Arbeitszeugnis?

Weisen Sie den unterschwelligen Vorwurf klar zurück! Man will ausnutzen, dass Sie sich mit Arbeitszeugnissen letztendlich doch nicht so sicher auskennen, und Sie verunsichern in der Hoffnung, Sie plaudern jetzt Problematisches aus. Geben Sie keine Schwächen zu, sondern ergänzen Sie Ihr Zeugnis. Zum Beispiel: Eigentlich hätte noch der Erfolg dieses oder jenes Projekts erwähnt werden müssen.

Das Stressinterview – und wie Sie gelassen bleiben

Eine selten praktizierte Interviewform ist das sogenannte Stressinterview. Hier werden Sie in einer Art Kreuzverhör mit einer Reihe von unangenehmen und unerwarteten Fragen konfrontiert, um Sie zu verunsichern. Alles ist darauf angelegt, Ihr Selbstbewusstsein zu erschüttern. Beschuldigungen, Sarkasmus, Zynismus, Ironie und hin und wieder ein Kompliment könnte Sie erwarten (Komplimente deshalb, damit Sie nicht einfach davonlaufen). Oft fehlt dabei jeder Bezug zum potenziellen neuen Arbeitsplatz.

Nach einer »Anwärmphase« – sie dient der Entspannung und der Bereitschaft, sich dem interviewenden Gesprächspartner zu öffnen – wird gezielt versucht, Sie unter Druck zu setzen.

Behauptet nun Ihr Gegenüber im Gespräch, Ihre gesamten Angaben und Aussagen seien »geschönt« oder man solle doch »Klartext miteinander reden«, ist dies möglicherweise der Gong zur ersten Runde.

Wie reagieren Sie darauf? Bleiben Sie sachlich, gelassen, und warten Sie ab. Versuchen Sie, alle Fragen so knapp wie möglich zu beantworten, und stehen Sie auch unangenehme Schweigepausen durch, schweigen Sie mit.

Beispiel

Interviewer: »Finden Sie nicht auch, dass Sie für diese Position viel zu unerfahren sind, ohne ausreichende Kompetenz?«

Antwort: »Nein, da bin ich anderer Meinung.« (Und abwarten, nur nicht aus Verunsicherung anfangen zu argumentieren.)

Interviewer: »Ich habe den deutlichen Eindruck gewonnen, dass man in Ihrer Abteilung recht froh wäre, wenn Sie die Firma verlassen würden.«

Mögliche Antwort Ihrerseits: »Das ist Ihr subjektiver Eindruck. Ich weiß nicht, wie Sie dazu kommen. Ich sehe das anders.« (Und STOPP – nicht weiterplappern!)

Interviewer: »Sie haben sich auf Ihrem letzten Posten vor der Lösung konkreter Probleme gedrückt. Wie glauben Sie jetzt, bei uns mit den hier auf Sie wartenden praktischen Aufgaben und den damit verbundenen Schwierigkeiten klarzukommen?«

Mögliche Antwort: »Ich teile nicht Ihre Einschätzung bezüglich meiner Erfahrung im Umgang mit konkreten Problemen, und was den Arbeitsplatz betrifft, traue ich es mir sehr wohl zu, die anstehenden Probleme konkret zu lösen.«

Interviewer: »Sie vermitteln den Eindruck, recht unbeherrscht und impulsiv zu sein. Das macht Ihnen doch sicherlich häufig Schwierigkeiten?«

Ihre mögliche Antwort: »Ich weiß nicht, wie Sie darauf kommen, aber damit habe ich in der Regel keine Schwierigkeiten.«

Interviewer: »Na sehen Sie, Sie sagen es selbst. In der Regel. Es gibt also doch Ausnahmen.«

Ihre mögliche Antwort: »Eigentlich nicht, aber wie Sie selbst sagen, Ausnahmen bestätigen die Regel. Jedenfalls im Allgemeinen ...«

Diese Dialog-Kostprobe sollte Ihnen kurz und knapp Tendenzen und Antwortmöglichkeiten aufzeigen. Ein geschulter Stressinterviewer wird Ihnen kaum die Möglichkeit lassen, »unverletzt« aus so einer Situation herauszukommen.

WICHTIGER HINWEIS

Wenn Sie sich von vornherein darüber im Klaren sind, dass diese Fragen nur der Provokation dienen, gezielt verletzen sollen, um Sie zum Äußersten zu bringen, dann können Sie entsprechend gelassen und defensiv reagieren. Sollten Sie das übertreiben, also zu cool bleiben, wird es stärkere Provokationen von Seiten des Interviewers geben.

Möglicherweise erreicht das Gespräch einen Punkt, an dem Sie sich Frechheiten, Unterstellungen etc. verbitten sollten. Es ist ab einem bestimmten Zeitpunkt notwendig, angemessen aggressiv (immer noch im Sinne von defensiv) zu reagieren, um damit zu zeigen, dass Sie in der Lage sind, sich abzugrenzen.

Neben der gezielten Form, jemanden durch provokative Fragen aus der Reserve zu locken, versuchen manche Interviewer, den Bewerber durch Passivität zu verunsichern.

Lange *Schweigepausen* des Interviewers oder eine abwartende, desinteressierte Haltung sollen

a) Sie in Zugzwang bringen, viel zu reden und damit möglichst etwas von sich zu erzählen und preiszugeben;
b) Ihr Verhalten – auch körpersprachlich – in einer Schweigesituation testen und Ihre Stressresistenz prüfen.

Auch Fragen wie die folgenden sollten Sie mit Gleichmut ertragen:

- Wo sind Ihre größten Schwächen?
- Falls Sie überhaupt Freunde haben, wie kommen die eigentlich mit Ihnen klar?

Fängt man an, Ihnen Dummheit zu unterstellen, etwa nach dem Motto …

- Sie bewerben sich hier um eine Position – ist die nicht drei Nummern zu groß für Sie?

… dürfen Sie ruhig darauf hinweisen, dass man sich mit Ihnen nicht diese Mühe geben würde, wenn man von vornherein davon überzeugt gewesen wäre, Sie würden nicht in diese Position passen.

Noch ein Beispiel
»Eigentlich sitzen mir hier auf diesem Platz nur Leute gegenüber, die wirklich exzellente Leistungen aufzuweisen haben. Sie können in dieser Hinsicht nicht viel vorweisen. Sicherlich haben Sie andere Qualitäten, sonst hätten Sie sich ja wohl nicht bei uns beworben? Nun, die Zeit ist knapp, am besten, Sie berichten mir etwas über sich. Ich werde Sie nicht unterbrechen.«

Sogar auf so eine breite und offene Frage kann man sich vorbereiten. Sie sollten immer in der Lage sein, 10 bis 15 Minuten den »Alleinunterhalter« zu spielen und dabei nicht zu langweilen. Das sind Sie sich schuldig. Erwarten Sie bitte nicht ein interessiertes, begeistertes Gesicht von Ihrem Gegenüber. Der wird sich alle Mühe geben, gelangweilt dreinzuschauen.

WICHTIGER HINWEIS

Bedenken Sie bei einem Stressinterview stets, ob Sie bei einem Unternehmen, dass Sie so behandelt, unbedingt arbeiten möchten. Wenn Sie sich wirklich unwohl fühlen, sollten Sie dies auch sagen und entsprechend reagieren. Machen Sie sich deutlich, was Ihnen unter Umständen erspart geblieben ist, wenn Sie auf einen Arbeitsplatz bei einem solchen Arbeitgeber verzichten.

Generell gilt: Wer fragt, sollte auch eine Antwort bekommen. Bestimmen Sie aber, was Sie sagen, erzählen wollen. Lassen Sie sich nicht dazu hinreißen, Dinge auszuplaudern, die Sie nicht mitteilen wollen. Gehen Sie in schwierigen Situationen diplomatisch vor, bewahren Sie

Haltung und Gelassenheit. Das Motto könnte lauten: kontrollierte Spontaneität.

Weisen Sie ruhig und gelassen darauf hin, wenn Ihre Grenzen an Toleranz und Geduld überschritten werden. Zeigen Sie, dass Sie sich abgrenzen können, verweigern Sie sich, und weisen Sie Intimfragen zurück.

Missverstehen Sie nicht jede kritische Frage als den Beginn eines Stressinterviews, und begegnen Sie Ihrem Interviewpartner nicht von vornherein misstrauisch. Stressinterviews sind nicht die Regel, eher eine Ausnahme. Ein normales Interview mit einem Stressinterview zu verwechseln kann Ihrem Arbeitsplatzwunsch ebenso abträglich sein wie eine unangemessen angepasste oder aggressive Haltung in einem wirklichen Stressinterview.

Übersicht: Unangenehme Fragen

- Warum sollten wir Ihnen diese Position nicht anbieten?
- Was spricht gegen Sie als Kandidat?
- Was sind Ihre Schwächen, Nachteile, Defizite?
- Was haben Sie alles in Ihrem (Berufs-)Leben trotz Vorsätzen (noch) nicht erreicht?
- Ihr größter (beruflicher) Misserfolg, Ihre größte Enttäuschung etc.?
- Was haben Sie daraus gelernt, welche Konsequenzen gezogen?
- Wovor fürchten Sie sich?
- Was kann Sie so richtig ärgerlich machen?
- Was mögen Sie nicht, schätzen Sie bei ... nicht, haben Sie Schwierigkeiten mit ... (bei der Arbeit, am Arbeitsplatz, tätigkeits- und personenbezogen bei Kollegen, Mitarbeitern, Vorgesetzten, Kunden und auch bei sich selbst)?
- Stellen Sie uns aus Ihrer beruflichen Laufbahn (aus Ihrem Werdegang, Leben) Negativ- (Anti-)Vorbilder vor und erklären Sie ...
- Was würden Sie in Ihrem (Berufs-)Leben anders machen, wenn Sie es könnten (wenn Sie noch mal von vorn anfangen könnten)?
- Was wollen Sie wann und wie (beruflich) in Ihrem Leben erreicht haben?
- Was sind Ihre persönlichen (beruflichen) Ziele, Ihr Motto (bis hin zum Sinn des Lebens)?
- Wie definieren Sie für sich die Begriffe: Verantwortung, Schwäche, Leistung etc.?

- Wie sollte Ihr Stellvertreter sein?
- Worin sollte er Sie ergänzen? Was sollte er haben, vorweisen, was Sie nicht haben?
- Was machen Sie, wenn wir Sie nicht nehmen?
- Was würden Sie tun, wenn Sie nicht mehr arbeiten müssten?

Auch positiv formulierte Fragen können Schwierigkeiten machen: z. B. die Frage nach Ihren persönlichen Vorbildern, Ihrem größten Erfolg, was Sie auszeichnet usw. Und auch die sich daraus ergebenden Nachfragen (warum? wieso?) können es in sich haben. Bereiten Sie sich auch darauf vor!

Körpersprache – was Sie ohne Worte kommunizieren

Körpersprache hat im Vorstellungsgespräch eine entscheidende Bedeutung – sie unterstützt die Glaubwürdigkeit Ihrer Worte und trägt daher wesentlich zum Erfolg Ihres Vorhabens bei. Denn: Nicht nur was Sie sagen, sondern besonders das Wie ist Anlass für Interpretationen und damit Orientierungs- und Entscheidungshilfe. Ein Bewerber, der mit zitternden Händen und Schweißperlen auf der Stirn berichtet, wie er ein neues Außendienstabrechnungssystem erfolgreich entwickelt und durchgesetzt hat, wirkt nicht sehr überzeugend. Ein Kandidat hingegen, der lächelnd, mit offenem Blickkontakt und interessiert-entspannter Sitzhaltung seine Botschaft vorträgt, punktet eher.

Doch worauf achten die Personalentscheider? Unserer Erfahrung nach sind folgende Aspekte ganz wichtig. Sie werden anhand von Körpersignalen beurteilt:

1. Gepflegtheit, der gesamte äußere Eindruck
2. gute Manieren, Verhalten, Benehmen (z. B. im Restaurant)
3. Kontaktfähigkeit
4. Dominanz, Führungsanspruch
5. Vitalität, Dynamik, Extrovertiertheit
6. körperliche Verfassung und Belastbarkeit

7. nervliche Belastbarkeit
8. Selbstsicherheit

Die Analyse einer amerikanischen Personalbveratungsfirma unterstreicht die Wichtigkeit der Körpersprache, beachten Sie, was an erster Stelle steht. Der Untersuchung* zufolge sind für den Misserfolg von Bewerbern entscheidend:

1. keine überzeugende äußere Erscheinung, unpassende Kleidung bzw. ungepflegtes Äußeres
2. Mängel in der Fähigkeit, die eigene Meinung zum Ausdruck zu bringen
3. Mängel in der Fähigkeit, die eigene Person weitgehend objektiv darzustellen
4. unzureichende Ausstrahlung von Selbstvertrauen und Begeisterungsfähigkeit
5. zu starke Kritik an früheren Arbeitgebern
6. zu häufiger Stellenwechsel

Hinweis: Ihre Worte tragen nur zu etwa 10 Prozent zu einer überzeugenden Vorstellung bei, während die Stimme knapp 40 Prozent und die Körpersprache über 50 Prozent ausmachen!

Bei der Beurteilung von Körpersprache geht es um Blickverhalten, Mimik, Gesten, Körperhaltung, Sprechweise und Geruch.

In der folgenden Aufstellung haben wir die wichtigsten Körpersignale und ihre Interpretationsmöglichkeiten zusammengefasst. Bitte nehmen Sie die Liste nicht allzu ernst. Sie sollte Ihnen als Orientierung dienen, damit Sie wissen, wie Ihr Verhalten möglicherweise vom Personalentscheider interpretiert werden könnte. Denn auch Interviewer nutzen gern Listen, aus denen sie schnell ablesen können, was eine bestimmte Haltung, Geste, Mimik usw. angeblich für eine Bedeutung hat.

* Die Personalberatungsfirma wertete dafür 200 Vorstellungsgespräche aus, in denen die Bewerber gescheitert waren.

Körpersignal **Blickverhalten**	**Bedeutung**
Augen betont weit offen	Aufmerksamkeit, Aufnahmebereitschaft, Sympathie, Weltoffenheit, Flirtverhalten
Augen wenig offen	Konzentration, Entschlossenheit, Eigensinn, Kleinlichkeit, überkritische Haltung
zugekniffene Augen	Abwehr, Unlust
gerader Blick	Offenheit, Gewissensreinheit, Vertrauen
schräger Blick	abschätzende Zurückhaltung
häufiger Blickkontakt	Sympathie
häufiges Wegsehen	mangelnde Sympathie oder Verlegenheit
auffällig häufiger Lidschlag	Unsicherheit, Befangenheit, u. U. nervöse Störung
Mimik	
offenes Lächeln	offene Heiterkeit, uneingeschränkte Mitfreude
gequältes Lächeln	ironisch, schadenfroh, blasiert, ängstlich
überwiegend geöffneter Mund	Mangel an Selbstkontrolle
zusammengepresster Mund	Zurückhaltung, Reserviertheit, Verkniffenheit, Kontaktarmut
Mundwinkel nach unten	Bitterkeit, Pessimismus, depressiv
Mundwinkel nach oben	Aktivität bis Abwehr
Heben der Augenbrauen	Ungläubigkeit oder Arroganz
Gesten	
übertrieben kräftiger Händedruck (»Knochenbrecher«)	Rücksichtslosigkeit, Angeberei
kräftiger Händedruck ohne Übertreibung	Aufrichtigkeit, Sicherheit
schlaffer Händedruck (»tote Hasenpfote«)	Unsicherheit, kontaktarm, leicht beeinflussbar
Hand wegziehend	Verschlossenheit

verschränkte Arme – bei Männern – bei Frauen	 Ablehnung, Verschlossenheit Selbstschutz, Angst
Hand vor den Mund halten – während des Sprechens – nach dem Sprechen	 Unsicherheit will das Gesagte zurücknehmen
Sprecher hält Armlehnen mit beiden Händen fest	Aggressivität, aber etwas unsicher, neigt zur Weitschweifigkeit
Kopf auf Hände stützen	Nachdenklichkeit, Erschöpfung, Langeweile
Spitzdach mit den Händen formen	Arroganz, Abwehr gegen Einwände
Hände reiben	selbstgefällig, selbstzufrieden
spielende Hände	Zeichen von Erregung, Nervosität, Befangenheit, Angst, Verwirrung
mit dem Finger auf den Gesprächspartner zeigen	Angriff, Wut
Hand zur Faust ballen	Wut, verhaltener Zorn
Anfassen der Nase	Nachdenklichkeit, kritische Haltung, Verlegenheit
über den Hinterkopf streichen, Zupfen an den Ohren	Verlegenheit, Unbehagen, Ärger
Streichen des Kinns	Nachdenklichkeit, Zufriedenheit
Finger zum Mund nehmen	verlegen, unsicher
mit den Fingern trommeln	Nervosität, Ungeduld
häufiges Spielen mit dem Ehering	Eheprobleme, frustriert vom häuslichen Leben
häufiges Abnehmen der Brille	Ablehnung, Angriff, Nervosität
Körperhaltung	
Achselzucken, die Handflächen nach außen	Hilflosigkeit
übereinandergeschlagene Beine – zum Gesprächspartner hin – vom Gesprächspartner weg	 Aufbau eines Sympathiefeldes Ablehnung, Unwillen
übergeschlagene Beine, Knie in die Hand gestützt	kritisch, skeptisch
dicht aneinandergestellte Füße beim Sitzen	schuldhafte Ängstlichkeit, Einzelgänger, überkorrekte Grundeinstellung

breit auseinanderklaffende Beine beim Sitzen	sorglose Unbekümmertheit, Rücksichtslosigkeit
alarmbereite Sitzweise (auf dem Sprung sein)	Mangel an Selbstvertrauen und Sicherheit, auch Misstrauen, innere Unruhe, Angst
Füße um die Stuhlbeine legen	Unsicherheit, Suche nach Halt
Füße nach hinten nehmen	Ablehnung
mit den Füßen wippen	Arroganz, Ungeduld, Sicherheit, Aggressivität
steife, militärische Körperhaltung, geziert aufrecht	Unterdrückung von Angst
breitbeinig dastehen, Daumen in Achselhöhlen	Selbstsicherheit
den Oberkörper weit nach vorn lehnen	Interesse, Sympathie, Wunsch zu unterbrechen
den Oberkörper weit zurücklehnen	Desinteresse, Ablehnung

Sprechweise	
laute Stimme	Vitalität, Selbstbewusstsein, Kontaktfreude, aber auch Unbeherrschtheit, Geltungsdrang
leise, flüsternde Stimme	Schwäche, mangelndes Selbstbewusstsein, aber auch Sachlichkeit, Bescheidenheit
schnelles Sprechtempo	Impulsivität, Temperament, aber auch ungezügelt, nervös
Körpersignal	Bedeutung
langsames Sprechtempo	antriebsschwach, aber auch Sachlichkeit, Besonnenheit, Ausgeglichenheit
wechselndes Sprechtempo	innere Unausgeglichenheit
ausgeprägte Pausengestaltung	Disziplin, Selbstbewusstsein
starke Akzentuierung	Lebhaftigkeit, Gefühlsstärke
schwache Akzentuierung	Uninteressiertheit, mangelnde geistige Flexibilität

Geruch	
parfümiert	werbend
überstark parfümiert	unsicher, vernebelnd
Schweißgeruch	ängstlich, unordentlich

Wichtige Rahmenbedingungen

Die entspannte Anreise

Planen Sie genügend Zeit für Ihre Anreise ein, berücksichtigen Sie eventuell auftretende Verzögerungen (Stau, Panne, Unwetter, Glatteis, Unfall etc.). Sollten Sie zu einem Vormittagstermin eingeladen sein, ist es von Vorteil, einen Tag oder spätestens am Abend vorher am Zielort zu sein.

TIPP

Besichtigen Sie den Ort dieses bedeutsamen Treffens vorab, wenigstens von außen. So kennen Sie nicht nur Anreiseweg, Parkmöglichkeiten oder das Gelände und den Weg zum Hauptgebäude – Sie haben sich auch mental und emotional eingestimmt. Das verhindert negative Überraschungen am eigentlichen Tag des Gesprächs.

Für das Vorstellungsgespräch sollten Sie Folgendes beachten:

Kommen Sie nicht zu spät, sondern einige Minuten zu früh, aber übertreiben Sie nicht (zum Beispiel eine halbe Stunde vor dem Gesprächstermin aufzutauchen macht einen schlechten Eindruck).

Versuchen Sie ausgeruht zu sein. Sollten Sie sich krank fühlen, ist es sinnvoller, den Termin abzusagen, als mit Beeinträchtigung durch eine schwere Erkältung anzutreten und sich nicht optimal präsentieren zu können.

WICHTIGER HINWEIS:

Ist das Vorstellungsgespräch für Sie mit Fahrt-, Verpflegungs- und Unterbringungskosten verbunden, so gilt für die Erstattung folgende Regelung: Stellen Sie sich bei einem Arbeitgeber aus Eigeninitiative vor, ohne die ausdrückliche Verabredung, dass dieser für die Reisekosten aufkommt, müssen Sie alle Auslagen selbst tragen. Bei einer Einladung zum Vorstellungsgespräch hingegen muss der potenzielle Arbeitgeber für alle angemessenen Kosten aufkommen, die Ihnen entstehen, egal, ob ein Arbeitsvertrag zustande kommt oder nicht.

Sollte ein Unternehmen nicht zur Kostenübernahme bereit sein, so muss es Ihnen diesen Sachverhalt vorher ausdrücklich mitgeteilt haben. Wenn Sie allerdings das Parkhausticket oder den Fahrschein des öffentlichen Nahverkehrs in Rechnung stellen, lassen Sie – gelinde gesagt – den adäquaten Blick für Proportionen vermissen. An der Art und Weise, wie Sie Ihre Abrechnungsunterlagen zusammenstellen und die Gegenseite die Zahlungsabwicklung gestaltet, ist wechselseitig viel abzulesen. Hier sieht man schnell, mit wem man es zu tun hat. Das gilt für Bewerber- wie Unternehmensseite.

Ihre Kleidung – Ihre zweite Haut

Unsere zweite Haut ist ein wesentlicher Signalträger und -geber unserer Befindlichkeit. Worin spiegelt sich unser Selbstbild deutlicher wider als in unserer Kleidung? An ihrer (Berufs-)Kleidung erkennen wir sie sofort: den Koch, Schornsteinfeger oder Arzt, den Obdachlosen, Jogger, Rocker oder Millionär. Ob Dame von Welt oder Vertreterin des ältesten Gewerbes der Welt, es gibt viele Be-Kleidungssignale, die uns bei der Einordnung und Orientierung behilflich sind.

Ein nachdenklich stimmendes Beispiel: Die Sozialpsychologie hat mit Hilfe eines Experiments herausgefunden, dass signifikant mehr Personen bereit sind, bei einer Rot zeigenden Fußgängerampel die Straßenkreuzung mit zu überqueren, wenn ein besonders gut gekleidetes »Modell« (Vorbild) es vormacht. Einer klar bescheiden bzw. eher ärmlich gekleideten Person folgen deutlich weniger Passanten bei Rot über die Straße.

Wie wichtig die Kleidung tatsächlich ist, haben Sie schon im Kapitel »Körpersprache« gelesen (s. S. 129ff.). Ein unangemessenes Auftreten ist Ablehnungsgrund Nummer eins! Auch wenn es kein Patentrezept gibt, gilt generell für Vorstellungsgespräche folgende Kleiderordnung: gediegen, zurückhaltend-vornehm, eher konservativ. Gefragt ist auch bei Damen die schlichte Eleganz.

TIPP

Schauen Sie sich typische Berufsvertreter in der von Ihnen angestrebten Position an, und orientieren Sie sich für Ihr Vorstellungs-Outfit an deren Kleidung. Und: Die ausgesuchte Garderobe sollten Sie vorher an- und ausprobieren und sich eingehend im Spiegel (auch von hinten!) betrachten. Tragen Sie Ihr Outfit einige Stunden vorab und entdecken Sie so drückende Schuhe oder rutschende Hosen. So können Sie diese Quelle der Unsicherheit ausschalten.

Verdeutlichen Sie sich, dass Sie nach den Bewerbungsunterlagen mit Ihrem persönlichen Erscheinungsbild eine weitere Arbeitsprobe und Visitenkarte abgeben. Vermeiden Sie es, besser gekleidet zu sein als Ihr Gegenüber, und verzichten Sie auf Extravaganz wie starkes Make-up, übertriebene Accessoires oder allzu trendige Frisuren. Ausnahme: Sie bewerben sich bei einer Werbeagentur oder in der Kunstszene.

Ihre Gesamterscheinung, angefangen von der Frisur über das Make-up bei Damen bis zu Kleidung, Schuhen und Accessoires (Brille, Uhr, Schmuck, Tasche und Tuch), sollte aufeinander abgestimmt sein, zu Ihnen passen, Ihre persönliche Note unterstreichen und repräsentieren helfen. Lassen Sie sich ggf. von einem Mode- oder Farb- und Stilberater unterstützen.

TIPP

Sollten Sie zu einem Vorstellungsgespräch anreisen, denken Sie an ein Ersatzoutfit. Das erspart Ihnen den Stress, noch in letzter Minute einen Kostümverleih oder eine Schnellreinigung ausfindig zu machen.

Das Auto – Ihre dritte Haut

Falls Sie mit dem eigenen PKW anreisen möchten, denken Sie daran, dass es viel über Sie verrät.

Es wird registriert, ob Sie im nostalgischen Käfer, einem legendären Mercedes 180 D, einem knallroten Porsche oder einem Fiat Panda vorfahren. Spätestens bei einem zweiten Treffen schaut man Ihnen zu bzw. hinterher und sieht, womit Sie unterwegs sind. Ist Ihr Wagen mit Aufklebern verziert, quillt der Aschenbecher über, ist der Kotflügel rostig, oder befindet sich auf dem Rücksitz eine gehäkelte Toilettenrolle? Oder blitzt und glänzt Ihr Auto auf Hochglanz und ist auch innen klinisch sauber wie gerade frisch gekauft?

TIPP

Lassen Sie sich fahren – von Taxi, Bus oder Bahn, ggf. einer Person Ihres Vertrauens. So müssen Sie sich nicht auf den Verkehr konzentrieren, sondern haben den Kopf frei zum Nachdenken. Und: Sie brauchen nicht darüber zu grübeln, welches Image Sie mit Ihrem PKW vermitteln.

Die Nachbereitung

Nachdenken – nachbereiten – nachfassen

Nachdenken

Nach der Schwerstarbeit Vorstellungsgespräch haben Sie eine Belohnung verdient – unabhängig davon, wie das Ganze für Sie gelaufen ist. Lassen Sie sich verwöhnen, oder tun Sie sich selbst etwas Gutes. Sie brauchen neue Kräfte für eine eventuelle nächste Runde.

Reflektieren Sie jedoch auch das zurückliegende Gespräch:

- Mit welchen Persönlichkeitsstrukturen sind Sie bei Ihren potenziellen Vorgesetzten konfrontiert?
- Was könnte deren Motivation sein – allgemein, bezogen auf das Unternehmen, bezogen auf Sie?
- Wie schätzen Sie die menschliche und fachliche Kompetenz Ihrer Gesprächspartner, des Unternehmens ein?
- Was hat man mit Ihnen vor?
- Wie ist man mit Ihnen umgegangen, wie sind Sie angesprochen worden, wie wurden Ihre Fragen beantwortet?
- Welcher Kleidungsstil kennzeichnet das Unternehmen, und wie ist man vor Ort ausgestattet?
- Wie sind die Wände dekoriert, wie ist der Fußbodenbelag, was steht bei Ihrem Gesprächspartner auf dem Schreibtisch, und was hat die Sekretärin an der Wand hängen?
- In welchem Zustand ist das Mobiliar, und welcher technische Standard ist bei der Bürokommunikation erreicht?
- Welche Größe haben die Räume, wie gestaltet sich der Blick nach draußen?
- Wie verhalten sich die Mitarbeiter auf dem Flur? Grüßt man sich und Sie?
- Riecht man die Kantine/Toilette im ganzen Haus?

Alles dies sind wichtige Orientierungspunkte, die Ihre Informationen über den potenziellen Arbeitgeber entscheidend ergänzen, abrunden. Damit tragen Sie wesentlich zu Ihrer Entscheidung bei, ob Sie Ihre Lebenszeit und Arbeitskraft hier investieren sollten oder besser nicht.

TIPP

Denken Sie an Ihren jetzigen Arbeitsplatz und dass es Ihre ursprüngliche Absicht war, sich zu verbessern. Ist das bei dem neuen potenziellen Arbeitsplatz gewährleistet?

Nachbereiten

Um für weitere Vorstellungsgespräche gewappnet zu sein, sollten Sie das zurückliegende Gespräch intensiv analysieren:

- Wie ist es insgesamt gelaufen?
- Mit welchen Fragen haben Sie gerechnet, mit welchen nicht?
- Was ist Ihnen gelungen, was weniger?
- Was könnten Sie jetzt mit mehr Gelassenheit und Nachdenkzeit besser beantworten?
- Worauf müssen Sie sich beim nächsten Mal intensiver vorbereiten?
- Was haben Sie aus all dem gelernt?

Hinweis: Zum Nachbereiten gehört die Erstellung eines ausführlichen Gedächtnisprotokolls des Gesprächsablaufes inklusive aller Personen und deren Namen, die Ihnen begegnet sind. Wenn Sie wissen, wie die Sekretärin des Personalchefs heißt, können Sie diese beim nächsten Telefonat persönlich ansprechen.

Nachfassen

Zu den Tricks, sich als Bewerber von anderen positiv abzuheben, gehört der Nachfassbrief. Ein bis maximal drei Tage nach Ihrem Gespräch abgeschickt, wird dieses Schreiben Ihren Gesprächspartner veranlassen, sich erneut mit Ihnen zu beschäftigen. In diesem maximal eine Seite langen Brief bedanken Sie sich nicht nur für das interessante Gespräch, sondern knüpfen an das an, was offen geblieben ist, was Sie noch nachtragen möchten etc.

Im Wesentlichen geht es darum, mit dieser Aktion deutlich zu machen, dass Sie sehr interessiert bzw. motiviert sind, verstanden haben, worum es geht, gerne bereit sind, das Gespräch jederzeit fortzusetzen, und sehr gern für das Unternehmen arbeiten wollen.

Achtung: Machen Sie so etwas plump, ungeschickt oder langweilig und ist das Vorstellungsgespräch eher schleppend verlaufen, gewinnen Sie nichts. Gelingt es Ihnen aber, nach einem gut verlaufenen Gespräch in dieser Briefaktion intelligent zu überzeugen, verbessern Sie Ihre Chancen weiterzukommen erheblich.

Dabei kann es sich lohnen, individuelle Briefe an die verschiedenen Interviewer des Vorstellungsgesprächs zu schicken, zum Beispiel an den Personalleiter und den Fachvorgesetzten. Worum kann es in so einem Schreiben gehen, und was ist zu berücksichtigen?

1. Sie danken Ihrem Gesprächspartner für Zeit und Interesse.
2. Sie arbeiten noch einmal die drei wichtigsten »Verkaufsargumente« heraus, die für Sie sprechen und von denen Sie annehmen, dass der Briefempfänger diese wertzuschätzen weiß.
3. Setzen Sie etwaigen Negativeindrücken bzw. Mankos, die im Vorstellungsgespräch offensichtlich geworden sind, etwas entgegen, räumen Sie z. B. ein, dass Ihre Erfahrungen auf dem Sektor XY noch nicht so fundiert sind, Sie jedoch aufgrund von ... meinen, Sie hätten etwas anzubieten. Vermeiden Sie, alles rechtfertigen zu wollen oder sogar neue gravierende Negativmerkmale zu »betonieren«. Führen Sie dabei keine negativen Aspekte an, die Ihr Gegenüber übersehen, vergessen oder als irrelevant eingeschätzt haben könnte. Wiederholen Sie auch keine Schwachpunkte, denen Sie nicht etwas entgegenzusetzen wissen.
4. Als positiver Abschluss des Briefes könnte Ihnen ein gut formulierter Absatz dienen, der einen neuen Kompetenzaspekt in Bezug auf die angestrebte Position beinhaltet und im Vorstellungsgespräch noch nicht von Ihnen herausgestellt wurde.

Unser Beispiel zeigt Ihnen einen Formulierungsvorschlag für den Nachfassbrief. Sie sollten aber Ihrer Fantasie, Ihrer Kreativität freien Lauf lassen und Ihren eigenen Stil entwickeln.

Claudia Boller, Diplomkauffrau
Wilsnacker Str. 10
33619 Krefeld
034473 379123
cboller@postnet.de

Internationale Liegenschaftsbank
Personalabteilung
Frau Schnauff
Wilhelmplatz 6
10100 Berlin

Krefeld, 05.01.2008

Vorstellungsgespräch am Freitag, den 04.01.2008
Meine Bewerbung als Organisationsentwicklerin

Sehr geehrte Frau Schnauff,

vielen Dank für das informative Gespräch. Besonders die offene, herzliche Gesprächsatmosphäre und Ihre Erläuterungen über Aktivitäten und Ziele bis hin zur Unternehmenskonzeption der ILG fand ich äußerst spannend. Dies alles bestärkt mich in meinem Wunsch, bei Ihnen tätig sein zu dürfen, mein Wissen und Engagement für die Optimierung der Organisation voll einzubringen.

In einem so kurzen Zeitraum des Sich-Kennen-Lernens, wie es das Vorstellungsgespräch nun einmal ist, fällt es mir nicht leicht, die Eigenschaften herauszustellen, die mich besonders für die zu besetzende Position qualifizieren. Im Nachhinein möchte ich gern hinzufügen, dass meine

- fundierten kaufmännischen Kenntnisse als Groß- und Außenhandelskauffrau
- Erfahrungen in der Projektarbeit (Studium, Diplomarbeit)
- Kommunikations- und Lernfähigkeit
- mein persönliches Organisationstalent
- sowie meine Eigenschaft, Ziele nicht aus dem Auge zu verlieren

gute Voraussetzungen für die Organisationsentwicklung darstellen.

Wenn Sie weitere Fragen haben oder Details klären möchten, melden Sie sich gern kurzfristig telefonisch bei mir.

Ich freue mich auf Ihr Feedback und verbleibe

mit herzlichen Grüßen

PS: Nachdem Sie mir eine Hotelunterkunft für den Start in Aussicht gestellt haben, bin ich gern bereit, meinerseits alles Erforderliche zu tun, um bereits am 1. März 2008 bei Ihnen anfangen zu können!

Wiedersehen – was im zweiten Vorstellungsgespräch zählt

Bewerber, die nach der ersten Vorstellungsrunde in die engere Wahl kommen, werden in der Regel zu einem zweiten, manchmal auch dritten Gespräch eingeladen. Ziel ist dabei, unter der reduzierten Gruppe von Bewerbern (meist zwei bis vier Kandidaten) durch intensives Fragen einen besseren persönlichen Eindruck zu erhalten. Dabei geht es um die Überprüfung, ob der Sympathiebonus, den sich der Bewerber im ersten Gespräch erworben hat, standhält und verstärkt wird.

Geschickte Gesprächsführung Ihrerseits, neue interessante Fragen, Ihre angemessen zunehmende Bereitschaft, etwas mehr von Ihrer Privatseite zu zeigen, können Ihre Position im kleinen Kreis der wichtigsten Kandidaten stärken. Oftmals werden erst in dieser zweiten Runde die Arbeitsbedingungen und Gehaltswünsche verhandelt. Informieren Sie sich, was man für die Position, für die Sie sich bewerben, in der Regel an Gehalt erwarten kann. Zeigen Sie bei den Gehaltsverhandlungen Besonnenheit, und vermitteln Sie nicht den Eindruck, dass es Ihnen nur ums Geld geht. Beide Seiten – Arbeitsauftraggeber und Sie als Dienstleistungsanbieter – müssen einen tragbaren Kompromiss in der Gehaltsfrage finden. Weitere Informationen zu diesem Thema finden Sie auf den Seiten 95ff.

TIPP

Vereinbaren Sie z. B., dass nach einer Einarbeitungsphase (halbes/Dreivierteljahr) Ihr Gehalt automatisch um x Prozent angehoben wird.

Frustrationstoleranz – zum Umgang mit Absagen

Jede Bewerbung bietet Chancen und Risiken zugleich: Es geht um Bestätigung oder Abweisung. Das besondere Charakteristikum der Prüfungssituation »Bewerbung« liegt darin, dass die Chance, abgewiesen zu werden, deutlich höher ist als z. B. bei der Prüfungssituation »Ausbildungsabschluss«, bei der die meisten eine Bestätigung erfahren.

Daher sind Bewerbungssituationen und insbesondere Vorstellungsgespräche mit emotionalem Stress verbunden. Sie müssen sich anpassen, sich von Ihrer Schokoladenseite zeigen und Ihre Interviewer von Ihren Qualitäten überzeugen. Gerade wenn Sie das Gefühl haben, eine Glanzleistung abgegeben zu haben, nagt eine Absage besonders am Selbstwertgefühl. Folgen mehrere Absagen hintereinander, können leicht Zweifel an der eigenen Person aufkommen.

Diesem Frust entgegenzuwirken und mutig weiterzumachen ist nicht immer einfach. Versuchen Sie jedoch, nach vorn zu schauen und aus den bisherigen Gesprächen zu lernen:

Wie können Sie sich noch besser präsentieren und vorbereiten? Was können Sie tun, um zu überzeugen?

Berücksichtigen Sie ferner, dass Absagen nicht unbedingt etwas mit Ihnen zu tun haben, sondern häufig auch mit den Rahmenbedingungen (bspw. mit Ihren Gehaltsforderungen, die das Unternehmen nicht erfüllen kann). Fragen Sie (ohne Vorwürfe!) im Unternehmen nach, woran es gelegen hat.

Grundsätzlich sollten Sie selbstkritisch analysieren, ob Sie den Job wirklich unbedingt haben wollen: waren das Gespräch und der Interviewer wirklich sooo angenehm, die Aufgaben spannend genug, haben Sie ein gutes Gefühl dabei gehabt, sich in dem Unternehmen wohlgefühlt? Häufig überdeckt die Enttäuschung über die Absage die eigenen Empfindungen und Wahrnehmungen.

Bewerbungssituationen und insbesondere Vorstellungsgespräche sind klassische Prüfungssituationen, die uns im Grunde genommen »lebenslänglich« begleiten. Prüfungen sind Rituale, in denen eine Anpassungsleistung gefordert wird und deren erfolgreiches Über- und Bestehen mit der Prämie eines Ein- und/oder Aufstieges honoriert wird (z. B. von der Auszubildenden zur Angestellten, von der Sachbearbeiterin zur Abteilungsleiterin, vom Arbeitsplatzsuchenden zum Mitarbeiter).

Prüfungen und Initiationsriten sind Ausdruck des ewigen Kampfes der Generationen (laut E. Stengel) und der Auseinandersetzung zwischen den Mächtigen und den Machtlosen in der Gesellschaft (vergl. O. Fenichel, *Aufsätze*, Bd. II, Olten, Freiburg 1981, S. 166). Bei Frauen, die sich in der Mehrzahl in der Bewerbungssituation mit Männern als Arbeitsplatzvergebern konfrontiert sehen, kommt noch der »Kampf der Geschlechter« hinzu.

Wer Bewerbungsrituale, Auswahlprozeduren und Vorstellungsgespräche erfolgreich überstanden hat, bietet gute Gewähr, an die herrschenden Normen angepasst zu sein und auch in Zukunft nicht aufzumucken.

So gesehen ist das ganze Leben eine Art Prüfung, ein Kette von Anpassungsleistungen und somit auch Bewerbungssituationen. Da ist unsere erste Vorstellung direkt nach der Geburt, da haben wir später um den einen oder anderen Liebespartner geworben, und der möglicherweise letzte Auftritt vor dem »großen Boss«, unser Rechenschaftsbericht, dient ebenfalls der Prüfung, der Selektion in Richtung »Himmel oder Hölle«.

Gegenstand dieses Buches waren nicht die zahlreichen schulischen oder Berufsausbildungs-Abschlussprüfungen, sondern die besondere Berufseingangsprüfung Vorstellungsgespräch.

Dabei haben wir uns bemüht, Ihnen in diesem Buch das Knowhow für das erfolgreiche Überstehen dieser Prüfung (= Anpassungsleistung), die Erfüllung der gesetzten Normen zu vermitteln.

An dieser Stelle wollen wir nochmals zu bedenken geben, dass jede/r für sich selbst überprüfen und entscheiden muss, wie weit sie/er in ihrer/seiner Anpassungsbereitschaft und damit auch Anpassungsleistung in einer Bewerbungssituation gehen will. Diese muss sich um der Zielerreichung willen lohnen. Lohnt sie sich wirklich? Dies ist die Frage, die Sie sich selbstkritisch immer wieder stellen müssen. Vergessen Sie nicht, dass sich die Prüfer ebenfalls auf dem Prüfstand befinden.

Was immer die Gründe für eine etwaige Absage sein mögen: Es muss nicht an Ihnen liegen. Bedenken Sie, was Ihnen bei dem Unternehmen vielleicht erspart geblieben ist. Bewerben Sie sich weiter, geben Sie auf keinen Fall auf.

TIPP

Es kann hilfreich sein, Bewerbungserfahrungen zu sammeln, ohne dass Sie den angebotenen Arbeitsplatz unbedingt haben wollen. Ein Vorstellungsgespräch als Test ist eine ideale Experimentier-, Spiel- und Lernebene, von der Sie profitieren – immer für den Ernstfall, wenn es wirklich darum geht, einen bestimmten Arbeitsplatz zu erobern.

Und wie bei vielen Dingen im Leben gilt: Geben Sie nicht vorschnell auf; Geduld, Beharrlichkeit und Ausdauer sind durch nichts zu ersetzen und werden Sie zu Ihrem Wunsch-Arbeitsplatzanbieter führen und diesen überzeugen!

Wir drücken Ihnen die Daumen und wünschen Ihnen viel Erfolg. Und verdeutlichen Sie sich immer:

Wir sind nicht auf der Welt, um so zu sein,
wie andere uns haben wollen.

Was Sie sonst noch wissen sollten ...

Das Autorenteam Hesse/Schrader ist seit über 20 Jahren auf dem Sektor der Bewerbungsratgeber sowie zu weiteren Themen aus der Arbeitswelt publizistisch tätig und hat im Laufe dieser Zeit mehr als 160 Bücher veröffentlicht. Viele davon liegen auch als Taschenbuchausgabe vor.

Am Anfang stand die erstmalige Veröffentlichung aller gängigen sogenannten Intelligenztests und deren kritische Reflexion in dem Buch *Testtraining für Ausbildungsplatzsucher* (1985) – allein dies inzwischen mit einer Gesamtauflage von knapp einer Million Exemplaren. Ebenfalls Neuland zum Bereich »Überleben in der Arbeitswelt« erschloss ihr Buch *Die Neurosen der Chefs – die seelischen Kosten der Karriere.*

Beide Autoren verfügen über eine langjährige Erfahrung als Seminarleiter bei Test- und Bewerbungstrainings. Ein besonderes Interesse gilt der gewerkschaftlichen Bildungsarbeit in Form von Anti-Mobbing- und Konfliktmanagement-Seminaren. 1992 gründeten sie in Berlin das *Büro für Berufsstrategie*, das ausschließlich Arbeitnehmer in allen erdenklichen beruflichen Fragen berät und unterstützt. Mittlerweile gibt es Büros für Berufsstrategie auch in Frankfurt a.M., Stuttgart und Hamburg.[9]

Stichwortverzeichnis

Ihr Erfolg ist uns wichtig!

»Hesse/Schrader: Die führenden Experten auf dem Gebiet der Bewerberberatung.« Frankfurter Allgemeine Zeitung

berufsstrategie

160 Seiten, broschiert
€ 12,95 (D)/sFr 24,–
ISBN 978-3-8218-5956-9

184 Seiten, broschiert
€ 14,95 (D)/sFr 27,90
ISBN 978-3-8218-5957-6

176 Seiten, broschiert
€ 12,95 (D)/sFr 24,–
ISBN 978-3-8218-5954-5

160 Seiten, broschiert
€ 12,95 (D)/sFr 24,–
ISBN 978-3-8218-5955-2

Eichborn
www.eichborn.de